河南省高等学校重点科研项目(24B413003)
河南理工大学基本科研业务费专项项目(NSFRF230434)

基于力觉感知的水下机械手遥操作双边控制系统

张建军　吴中华　著

U0337663

中国矿业大学出版社

·徐州·

图书在版编目(CIP)数据

基于力觉感知的水下机械手遥操作双边控制系统 /
张建军,吴中华著. — 徐州：中国矿业大学出版社,
2023.6

ISBN 978 - 7 - 5646 - 5876 - 2

Ⅰ. ①基… Ⅱ. ①张…②吴… Ⅲ. ①机械手—水下
技术—遥控—自适应控制—研究 Ⅳ. ①TP241.3

中国国家版本馆 CIP 数据核字(2023)第 110889 号

书　　名	基于力觉感知的水下机械手遥操作双边控制系统
著　　者	张建军　吴中华
责任编辑	姜　华
出版发行	中国矿业大学出版社有限责任公司
	(江苏省徐州市解放南路　邮编 221008)
营销热线	(0516)83885370　83884103
出版服务	(0516)83995789　83884920
网　　址	http://www.cumtp.com　E-mail:cumtpvip@cumtp.com
印　　刷	徐州中矿大印发科技有限公司
开　　本	787 mm×1092 mm　1/16　印张 12　字数 303 千字
版次印次	2023 年 6 月第 1 版　2023 年 6 月第 1 次印刷
定　　价	46.00 元

(图书出现印装质量问题,本社负责调换)

前　言

水下机械手是人与水下操作对象交互的重要设备。由于水下环境复杂,存在抓取对象未知、临场性差等问题。水下光线传播衰减造成较低的能见度,限制了机械手的作业,如果离开摄像机,机械手则无局部搜索的能力。浮游生物与杂质悬浮在水下机械手工作区域,同时,螺旋桨的旋转也会造成工作区域水质变浑浊,这些都会对水下视觉效果带来不利影响,存在操作精度不高或者需要多次操作才能完成作业任务的问题。虽然水下作业区域人类可以到达,但是大水深及大水压的危险环境给操作者带来心理压力,针对此问题研究了基于力觉感知的水下机械手遥操作双边控制系统。

该系统为主、从式机械手结构,操作者通过操作本地主机械手,将主机械手位置信息传送至从机械手作位置跟踪,同时从机械手将抓取目标的触觉力传送至本地主机械手作触觉力跟踪,实现主从机械手力、位置协同一致。使操作者在主机械手端能够感知从机械手与目标的接触状态,能够摆脱距离限制实现精细化操作并避免操作者处于危险区域。为了实现水下力觉感知以及本地力觉再现,研究了用于水下的触觉力传感器以及本地力反馈装置,并针对双边力位置协同一致性进行了控制律设计。本书主要研究内容和创新点如下:

(1)针对单自由度遥操作系统实现力位移协同一致性以及操作过程中的柔顺性能,提出了滑模阻抗双边控制策略。设计了二阶阻抗模型以及模糊调节器调整阻抗参数,实现了主手操作者施加的力与位移之间的柔顺性以及实现了调节位置的动、静态平稳性能。为了增加从机械手在运动过程中的抗干扰能力,设计了积分型准滑模控制器。所引入的饱和函数消除了滑模运动的抖振,通过设计指数型趋近律实现从手位置跟踪收敛的快速性。利用 Liewellyn 绝对稳定性准则分析了整个系统的稳定性条件,通过 Matlab 仿真验证了主从机械手力位移跟踪一致同步性能。

（2）多自由度机械手遥操作系统中,存在着关节质量、长度无法精确测量以及关节摩擦带来机械手模型不确定等问题,同时,水下机械手操作过程还会遇到不确定性干扰问题。为了实现主从机械手力、位置跟踪性能提出了自适应双边控制策略。针对主机械手模型参数不确定性设计了模型参考自适应控制,利用自适应控制律补偿模型不确定性,实现主手上操作者施加力对从手和环境交互力信号的跟踪匹配。针对从机械手模型参数的不确定性设计了基于滑模变量的径向基函数（RBF）神经网络控制器,利用 RBF 神经网络逼近模型的不确定部分,通过滑模变量自适应控制器消除逼近误差,满足了从机械手对主机械手位置跟踪误差一致稳定有界的条件。主从机械手通过李雅普诺夫稳定判据证明了所设计控制器的稳定性。

（3）针对主从机械手存在外界不确定干扰以及关节摩擦引起的模型不确定问题,设计了基于不确定模型逼近及上界估计的鲁棒自适应控制律。建立了机械手操作空间参考阻抗模型,其中的主机械手参考模型将操作者施加的力与从手与抓取目标作用力的差作为输入,从机械手参考模型将从手与抓取目标作用力作为输入,将主、从手参考模型的动态响应期望位置作为主、从机械手末端的操作空间下的位置跟踪目标,并且设计了主从手控制律。通过自适应调节补偿参数的不确定性,并针对外部干扰,设计了自适应上界估计率。利用基于滑模变量的自适应律来抑制不确定误差及外部干扰作用,实现了模型不确定性及外部干扰下的鲁棒性能,并用 Matlab/Simulink 实现力位移跟踪的仿真验证。

（4）针对水下机械手目标多样性抓取需要不同的施加力的问题,提出了机械手不同力跟踪的自适应控制方法。为了实现抓取过程中的柔顺性能,构造了基于位置的阻抗控制模型,对抓取目标的阻抗参数进行在线辨识,利用机械手末端运动特征与刚度辨识参数模糊调整期望力值。将期望力与接触力误差通过自适应 PID 实时调节期望位置,实现了机械手在跟踪期望位置的同时跟踪期望力值。实现水下机械手对目标抓取并最大限度地避免对目标产生损伤,整体控制器能够对未知环境的动态性能具有自适应能力,满足了力控制效果。

（5）针对水下机械手缺少力觉感知的问题研究了触觉力测量传感器。为了消除水深变化对静态压力的影响,设计了以硅杯为敏感单元的胶囊式差压结构触觉力传感器。其一侧可感知水压与触觉力信息,另一侧可测量水压信息,实现了变水深压力矢量叠加下触觉力的精确测量。触觉力传感器以方形硅杯为测量单元,利用弹性力学与板壳理论推导了方形硅杯底部的应力分布。通过Ansys软件分析了硅杯底部的应力和应变分布,并通过利兹法与最小势能原理实现硅杯的应力、应变解析解计算,为压力敏感元件分布在方形硅杯高应力区实现高灵敏度传感器信号输出提供了理论支持。

(6)针对遥操作系统增强现实及实现本地力觉再现以提高精细化操作的目的,设计了用于人机交互功能的力反馈装置,该装置为单自由度结构,基于步进电机驱动。利用微控制器采集触觉力信号及关节位移信号,通过将标准力信号作为跟踪目标控制步进电机关节调节位置,实现了触觉力传感器输出与标准力信号的匹配。基于该装置搭建单自由度遥操作试验平台,设计双边控制律实现了主从机械手力、位置协同一致的试验验证。达到了操作者操作本地主机械手的同时能够感知从机械手与环境交互力的目的。

本书旨在研究遥操作双边控制系统以解决水下复杂环境下的机械手操作,避免了操作者直接处于水下危险环境,提高作业任务的执行效率及操作精度,增加安全操作性能。通过双边控制实现主、从机械手力和位置的协调一致,实现操作者身临其境的效果。

本专著由张建军老师负责统稿并著写1～6章,吴中华老师著写7～9章。本专著获得河南省高等学校重点科研项目(24B413003)和河南理工大学基本科研业务费专项项目(NSFRF230434)的资金支持,在此深表感谢。

由于时间和作者水平所限,书中的错误在所难免,敬请读者不吝赐教!

著　者

2023.1

目　　录

1 绪 论

1.1 研究背景

现代化技术的发展使陆生资源变得越来越少,人类把目光转向广袤的海洋世界[1]。海洋矿产资源、生物资源的探索、开发与利用显得越来越重要。海洋资源开发设备,一般指通过包括水下作业潜器、无缆自主式水下机器人(Autonomous Underwater Vehicle,AUV)、带缆水下机器人(Remote Operated Vehicle,ROV)等水下航行器作为运载工具,通过安装的水下机械手实现与水下目标的交互[2]。因此水下机械手是实现水下复杂作业、与环境交互的重要工具[3]。作为水下机器人重要组成部分的机械手是完成复杂水下作业任务的执行部件和工具,是水下机器人开发与应用的关键技术之一。

水下机械手不但可以在样本采集中使用,还可以在水下打捞[4]、水下电缆切割[5]、水下装配[6]、水下布雷排雷[7]、潜艇艇外检查与排放、水下危险状态处置、水下军用设施维护等非军事与军事领域内使用。通过机械手完成指定的作业操作,用以代替人手进行复杂、艰苦甚至危险的工作,它的发展在一定程度上体现了一个国家的综合技术力量和水平,其应用研究和推广对于国家深海自然资源的探测开发利用、深海水下救护、光电通信、生命科学以及国家的国防军事等领域有重要的现实意义。

然而,水下机械手操作过程中依然存在一定的问题[8]。主要表现如下:水下机械手在与水下环境交互过程中,由于水下的大水深、大水压、能见度低的问题,存在抓取对象未知、临场性差、可操作性不强的问题;水下环境中由于光线传播衰减造成的较低能见度限制了机械手的作业,离开摄像机会导致机械手无局部搜索能力,容易造成与操作对象交互位置控制精度差,无法抓牢或者由于抓取太牢靠导致目标损坏的问题[9]。水下环境每下降100 m就增加10个标准大气压，会给水下操作者带来很大的身体和心理压力。水下机械手存在的问题还包括由于水下洋流以及反作用力会给水下机械手的作业造成如作业潜器等载体的姿态保持、动力定位等干扰影响，所以作业平台的稳定性依然需要解决。水下机械手由于在水下特殊环境缺少快速运动能力，针对水下样本采集的作业需要捕捉运动型生物时，机械手控制就显示出了不足之处[10]。

针对此问题学者们提出了基于力觉感知的水下机械手主从遥操作系统。该系统采用双机械手构成主、从式结构，操作主手使从手跟踪主手的位置信息，同时将从手与环境交互力信息传送至本地主手作力跟踪，主手上便可以感受到从手抓取物体的力信息。为了提高操作者的临场感，可以通过用摄像机将从手的环境显现在主手处，使操作者有种身临其境的感觉。和虚拟现实、灵境技术等相似，实现机械手对目标的抓牢而不损坏目标，克服了距离限制或者避开了操作者直接与环境接触的危险性，因此具有良好的发展前景。由于操作人员可直接参与远程操作过程，实现远端机械手触觉力的本地再现，在对人身存在危险性的场合中得到了广泛的应用，一些力反馈设备包括力反馈手套、力反馈操纵杆、力反馈笔等产品已经应运而生。

目前，由于人工智能发展还未达到和人的操作智慧相提并论的水平，完全自主式水下机械手控制存在一定的局限性。水下机器人还难以代替人在复杂、未知或不确定的水下环境中自主操作，因此有人类参与、具有临场力感知的遥操作机器人系统是在复杂或者有害水下环境作业的重要设备。探索主从式遥操作机械手实现主、从机械手的力、位移信号一致性，实现本地力觉再现的驱动原理及控制方法，即从手位置跟踪性能以及水下触觉力测量以及本地主手力测量等具有重要的意义。

随着水下机器人在探测、打捞、管线检测与修复等应用领域的不断延伸，人们对水下机器人的精细作业水平提出了越来越高的要求，具有感知功能的水下灵巧手的研制和开发逐渐受到研究者的重视。通过双边遥操作系统的研究，有利于延长水下作业和持续时间，降低水下作业的危险性，提高水下遥操作系统的有效性和精细、灵巧操作程度。基于力觉感知的水下机械手遥操作双边系统的研究可为适应我国水下远程无人作战平台的战略需求，为研制远程水下作业装备提供一定的理论支撑和技术储备。因此，研究面向水下机械手，实现水下样本采集的样机试验可以填补水下遥操作的空白，水下机械手结合了机器人的能力和人类智慧提高了作业效率并降低了成本，水下力反馈式主从遥操作系统的样机研制具有重要意义。

1.2 相关领域研究现状

1.2.1 水下机械手

水下机械手可以看作是一个可控的"电、液"伺服控制系统,是先进机器人技术在水下特殊环境的应用[11]。水下机械手需要解决的关键技术是深水抗压和密封问题以及"电或液"伺服控制的平稳程度。衡量水下机械手性能的主要技术指标是工作水深、举力/重量比、作业平稳性能等三大技术指标。随着海洋开发进程的加快,对水下作业装备的需求日益增加,水下机械手将发挥越来越重要的作用,同时,由于水下特殊的工况环境,与陆上机械手相比,水下机械手的体系结构与控制技术又有其特殊性。因此,水下机械手相关技术的研究具有重要的理论研究意义和实际应用价值[12]。

水下机械手驱动方式包括电驱动及液压驱动方式,其中,可以克服大水压环境液压的驱动机械手较为常见,主要是液压系统驱动力大、结构紧凑、动作平稳具有缓冲作用,最近,电驱动机械手也因为控制精度高而备受关注[13]。水下机械手其控制方式主要是直接位置给定的开环位置控制,也有实现位置跟踪以及力跟踪的闭环控制方法的研究。水下作业型机械手一般采用双机械手结构方式,一只机械手为作业型机械手,手指灵活、作业精度高、自由度较多[14]。另一只机械手主要实现定位功能,其结构较为简单,但是臂力强大,能实现潜水器悬浮作业定位功能,自由度较少。这种配置方式主要因为潜水器在水下作业时处于悬浮状态,很容易发生漂移现象,双机械手的一只手可以作为作业机械手而另一只手可以起到稳定潜水器的作用。另外如果作业对象尺寸大、过重等,可以通过双机械手协同作业实现单机械手无法完成的任务。如图 1-1 所示是常见的应用于有缆遥控潜水器(ROV)上作业型机械手。

水下机械手存在的问题,主要是由于水下洋流以及反作用等原因,水下机械手作业过程中会造成如潜水器等载体的姿态保持、动力定位等不稳定现象,所以,平台的稳定性依然需要解决[15]。水下机械手由于水下特殊环境缺少快速运动的能力,当需要捕捉运动型生物时,机械手控制满足不了要求。水下操作过程中昏暗的环境以及悬浮生物的游动也会给视频的采集带来干扰,影响操作作业。

目前,国外对水下机械手的研究开发相对比较成熟,且机械手相对功能齐全,操作稳定可靠,具有较大的负载能力。常见的机械手有美国 Schilling 公司研制的 Conan、Titan、Spares Kit、Rigmaster 和 Orion;美国 Kraft 公司的 Grips、Predator Ⅱ 和 Raptor;

图 1-1　ROV 上作业型机械手

英国 Hydro-Lek 公司的 EH5、HD5；美国 WS&M 公司的 The Arm66 及 MK37 Arm；加拿大 ISE 公司的 Magnum7F 产品。

美国西林公司(Schilling)研制的 Orion 7P 七自由度作业机械手[16]，能够实现伸缩、抓握、摆转等功能，具有 1.486 m 的作业半径，机械手水中质量为 38 kg，可以实现水深 6 500 m 下的操作，常用于在对运载体积要求较高的水下机器人上。美国西林公司(Schilling)研制的 Titan4 七功能作业机械手，具有 97 mm 的手抓张开最大值、4 448 N 的最大加持力，在空气中重 97 kg，在水中重 76 kg，其肩关节、腕关节、手抓关节具有很大的回转角度。目前广泛应用于水下操作。

图 1-2　Orion 7P 作业机械手

图 1-3　Titan 4 作业机械手

英国 Hydro-Lek 公司研制的 HLK-HD6 水下机械手[17]，手臂长 1 535 mm，可以抓取质量 40 kg 的物体，在空气中质量 27 kg，在水中质量 20 kg，目前主要应用在 MAX Rover 和 Panther 等 ROV 上。加拿大海洋科学研究所(ISE)研制的 Magnum 7F 七功能水下机械手，如图 1-5 所示，该机械手最初应用于 ROV 恶劣的工作环境中，灵巧的手臂和运动范围使其可以用于杂物清除、螺栓紧固、电缆切割与修复、生物和地质采样等，可以承受 295 kg 的负载。

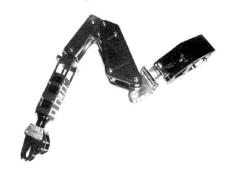

图 1-4　HLK-HD 6 作业机械手

图 1-5　Magnum 7F 作业机械手

　　Magnum 7F 机械手具有两种可选择控制方式即主从式和开关式，该机械手作业半径为 1.524 m，重量为 63 kg，最大举力 454 kg，在全伸长状态下举力 295 kg，腕关节力矩为 108 N·m，手爪握力为 205 kg，最大作业深度为 5 000 m。该机械手除了控制方式可选择外还可以加上力反馈控制方法，方便用户根据不同需要进行机械手控制方式的切换。该机械手具有丰富的功能，具有非常强的抗冲击能力，可以适用于多种场合以及胜任多种不同的作业任务。

　　国内机械手的研究工作相对起步晚，技术相对落后，但是随着我国海洋开发步伐的加快，水下机械手作业技术获得了持续良好发展。

　　其中，中国科学院沈阳自动化研究所[19]、哈尔滨工程大学[20]、华中科技大学[21]、西北工业大学[22]、华南理工大学[23]都进行了水下机械手的设计制作。2014 年 2 月至 4 月，广州海洋地质调查局联合上海交通大学、浙江大学等单位研制的"海马号"ROV 进行了三次海试[24]，并通过 ROV 上搭载的水下双手系统完成了沉积物取样、水下布缆、地震仪海底布放、热流探针实验等任务。从图 1-6 可以看出，该 ROV 搭载有 5 功能和 7 功能的液压双机械手作业系统。7 功能机械手是主操作手，能实现灵活高精度操作，5 功能机械手可以兼顾部分作业任务，在操作过程中可以克服洋流扰动，保证 ROV 的定位功能。

　　继"蛟龙"号之后，中国船舶科学研究中心成功研制了"深海勇士"号潜水器[25]，不同于"蛟龙"号作业潜器配备的外国机械手，"深海勇士"号装配了国产机械手，其包括肩部的、肘部的、手腕的各个关节可以实现各个方向的动作，能够非常自如地在水下进行取样。如图 1-7 所示是由"深海勇士"号副总设计师叶聪操作的机械手采集水下样本作业图。

图 1-6 "海马号"ROV 及作业型机械手

图 1-7 "深海勇士"号机械手操作图

1.2.2 水下力觉感知

力觉感知是机器人是实现对目标可靠性抓取以及完成各种精细操作的重要保证。力传感器用于机器人与操作对象之间的作用力的夹持力检测等。当作用力发生时,作为力敏感元件的弹性体发生形变,力敏元件根据力感应材料的弹性变形程度,实现力信号的转换[26]。由于机器人与操作对象之间的作用力大多数为多维状态,且单维力传感器技术已经相当成熟,所以目前机器人力传感器的研究主要集中在多维力传感器上[27]。

水下触觉力传感器在水下作业中的应用,很好地提高了机械手的作业精度、可靠性和遥操作能力;同时将减轻操作者的心理负担,减少操作失误和水下作业的危险性。水下触觉力传感器的研究已经有几十年的历史,但是作为一种用于水下触觉力测量的传感器,其研究相对于非水下环境依然存在一定的条件限制[28]。主要表现在:① 深水下的高压问题,目前水下机器人触觉力传感器的研究需要考虑的主要是内外压力平衡问题。在本书中选择了差压式结构,使机械手整体处于油压环境中,在进行弹性体的设计时应该考虑载荷情况和由应变计、黏合剂以及敏感元件所构成的传递系统在油压下的工作情况[29]。② 深海中的恶劣环境问题,在深海中的问题除了海水压力之外,还有海水的腐蚀性、大温差以及高压环境下的性能变化等,另外在设计传感器时,还应考虑其防腐蚀性和密封性。

在水下环境实现触觉力测量,其基本原理是通过将传感器设计成差压式结构实现水压在弹性体应变单元上的矢量叠加,能从结构上消除水压影响,进而实现弹性体仅测量触觉力信息的目的。目前,国内外学者针对水下触觉力测量进行了大量研究,其基本测量原理是当外界环境的水压在弹性体表面平衡时测量触觉力引起的弹性体应变[30]。例如:Palli 等[31]通过光电信号测量水下机械手的力信息,但光电信号容易受到外界光线的干扰而影响测量精度;Xu 等[32]通过在水下灵巧手上安装六维腕力传感器来测量灵巧手的三维力和力矩等信息,但六维力传感器对弹性体设计及应变部分的安装工艺要求很高,且弹性体形变将引起交叉灵敏度的问题;刘焕进等[33]在考虑仪器设备油压可压缩的条件下提出了新型间歇力平衡式压力传感器,根据水压强平衡原理不仅能够测量深海高压,而且能够测量微小压力;黄豪彩等[34]采用活塞式压力自适应平衡装置来补偿气密采水器所受的海水高压,但其结构复杂且体积较大,不适用于水下灵巧手触觉力的测量;孟庆鑫等[35]提出了水压力补偿圆筒状水下灵巧手指端力传感器,但其对应变计的分布具有严格要求;赵长福[36]提出了水下机器人触觉力传感器,但其应变计的黏合工艺对测量精度有影响。

触觉力测量是机器人传感器测量中的最常见的测量方式,按照测量原理的不同,触觉力测量传感器可以分为压阻式[37]、电容式[38]、压电式[39]、光电式[40]、电磁式[41]、超声传感器[42]和电阻应变式传感器[43]。其中压阻式以及电阻应变式是最常用的触感器测量方式。压阻式触觉力传感器特点是采用压阻材料作为敏感材料,当受到外力作用时,敏感材料会受到弹性变形,从而导致它的电导率发生变化。通过检测敏感材料的电阻变化就可以获得外力的信息。在静态检测信号方面,压阻式传感器表现了很好的效果。电阻应变式触觉力传感器通过电阻应变敏感器件检测弹性体应变的方式获取触觉力信息[44]。为了便于检测,通常把多个电阻应变敏感器件连接成全桥或者单桥电压输出型测量电路,当外力作用到弹性体上时,弹性体发生形变,进而导致电阻应变敏感器件的阻值发生变化,最后通过测量全桥或者单桥电路输出电压的变化量便可获取外力信息。根据应变材料的不同,还可以分为应变片式以及半导体集成式触觉力传感器[45]。

水下触觉力传感器由于受到水的干扰会引起输出误差,或者复杂的环境会造成测量精度不高以及差压式结构复杂,会带来工艺加工以及安装困难的问题。其中六维力、力矩传感器是很好的测量机械手力方法[46]。六维力、力矩传感器可以安装在机械手的关节连接处,可以通过机械设计不考虑防水以及密封的问题,但是六维力、力矩传感器无法判断出力发生的位置[47]。在三维空间中,六维的力、力矩传感器含有六个分量,即沿三个坐标轴的力分量和绕三个坐标轴的力矩分量,获取的全力信息传感器至少是六维的。多维力传感器大多在机器人的腕部,称为多维腕力传感器。结构上小型化的多维力传感器可以装在机器人手爪的指尖上,称为指力传感器。多维力传感器装在机器人其他关节上称为关节力传感器,驱动装置直接通过测量关节力实施关节运动的控制。多维力传感器装在机座上,机器人装配作业时用这些传感器测量工作台上工件所受的力,称其为基座力传感器等。但是多维力传感器的弹性体不利于实现密封,特别是梁式结构的多维力传感器的负载能力不足,容易造成量程偏小的问题。

王华设计了一种用于水下灵巧手的具有自补偿功能的水下指尖力传感器,该传感器为圆筒式结构,量程是 40 N[48]。而且还可以感知手指和物体的作用位置,兼有一定的滑觉感知功能,其基本结构如图 1-8 所示。

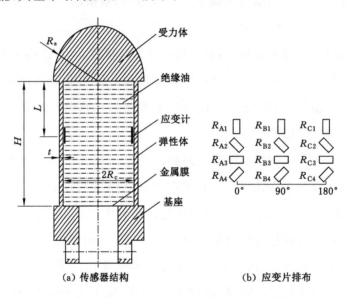

（a）传感器结构　　　　　（b）应变片排布

图 1-8　圆筒式多维力传感器结构及应变片排布

传感器主要由受力体、测量单元和基座组成。指尖所受作用力传递给圆筒结构的弹性体,粘贴于弹性体上的应变计感受应变效应,从而测量出指尖力。测量单元采用圆筒结构的弹性体和应变计实现,应变计粘贴于某一横截面内圆周上的三点。电路信号处理时将其分成六组,分别作为六路全桥测量电路的单桥。用 R_{A1} 和 R_{A3} 测量 A 点线应变,两个应变计互相垂直,R_{A2} 和 R_{A4} 测量 A 点剪应变,两个应变计与轴成 45°角粘贴。该测量方式结构简单,易加工易于小型化,适用于灵巧手指的空间要求,而且在相同灵敏度的情况下,较常用的梁式结构刚度更高。由于指尖力传感器数据信息量较大,传感器采用 CAN 总线方式实现数据输出。

D. J. O. Brien 和 D. M. Lane 设计了一种包含触觉力测量的名为 AMADEUS 的水下灵巧手,其基本结构如图 1-9 所示[49]。AMADEUS 灵巧手采用模块化设计方式,该手指指尖本身就是弹性体,贴上应变片可以检测指尖和物体间的作用力大小和方向,同时指尖外聚偏氟乙烯(PVDF)滑觉传感器,可以获得触觉力信息以及滑移信息,实现力封闭控制。但是该灵巧手无法获取滑移方向以及忽略了温度对触觉力测量中的漂移影响[50]。

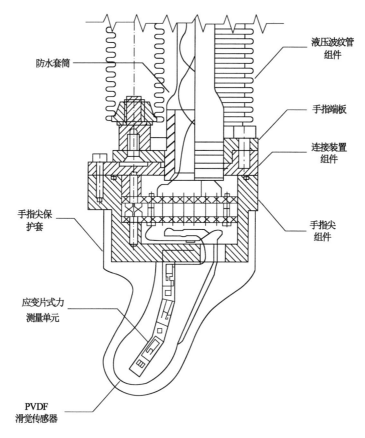

图 1-9 AMADEUS 灵巧手及触觉力传感器结构

触觉力传感器不但可以用来测量触觉力,还可以参考测量滑觉以判断接触目标实现刚度、形状、材质判断等。为了获取水下机械手抓取目标时候更可能多的力信息,Peter Kampmann 团队设计了触觉力传感器阵列系统[51]。其中灵巧手指尖安装有光纤传感器阵列及压电传感器,以实现灵巧手抓取目标时的力分布测量[52]。力分布测量信息与动态力传感器阵列相结合,可以提供有关可能的滑动或被抓取对象的纹理信息。机械手手指末端关节安装有力矩传感器实现力矩测量,基本结构如图 1-10 所示。

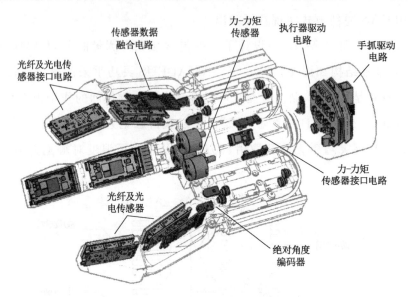

图 1-10　Peter Kampmann 灵巧手及触觉力传感器结构

Qiaokang Liang 分析了水下作业环境和作业任务的需求,设计了包含水下触觉力传感器的灵巧手系统[53]。该水下灵巧手包括三手指、六关节系统机械本体结构,在手指末端安装有触觉力传感器。如图 1-11 所示,该触觉力传感器以半球形手指外端与抓取对象接触,接触力通过半球形手指外端的上隔离层传至内部力敏感元件弹性体,通过 E 型弹性体实现了 F_x,F_y,F_z 三维力以及 M_x,M_y 二维力矩测量[54]。

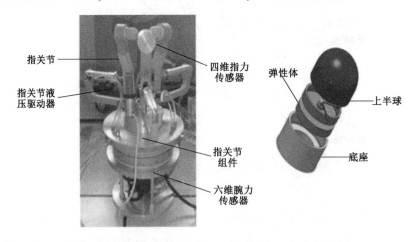

图 1-11　Qiaokang Liang 灵巧手及触觉力传感器结构

光纤传感器由光源、敏感元件(光纤的或非光纤的)、光探测器、信号处理系统以及光纤等组成。其原理实际上是研究光在调制区内的外界信号(温度、压力、应变、位移、振动、电场等)与光的相互作用,即研究光被外界参数的调制原理。由于触觉力作用造成了光纤传感器的弯曲形变,则发出光与接收光之间就产生了信息改变,通过测量光学信息改变量实现触觉力的测量,光纤传感器避免了温度对测量的影响,但是由于要增加发射光及接受光装置,容易增大传感器测量体积。如图 1-12 为一款利用光纤原理实现水下触觉力测量的传感器[55]。

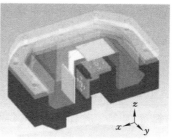

图 1-12　光纤触觉力传感器实物及结构图

Muscolo 提出了一款用于水下机械手腕关节上的触觉力阵列传感器,其主要由基柱(Base)、人造皮肤(Skin)、柔性覆盖层(Coverage)组成。其中基柱与人造皮肤之间以及人造皮肤与柔性覆盖层之间由硅油填充实现水下压强平衡。基柱起支撑连接作用,人造皮肤由柔性电路板构成,将应变计焊接在柔性电路板上实现触觉力测量,柔性覆盖层具有良好的柔性,实现外部海水与内部硅油隔离以及外部力的传递功能[56]。2005 年合肥智能机械研究所研制成一种基于差压式结构的水下腕力传感器。该传感器采用十字横梁式结构,内部充满绝缘油,用活塞平衡内外压力[57],其应用于该所研制的水下机械手爪。

不具备力感知功能的水下作业机械手的智能化程度远远落后于其他环境中应用的机械手。水下触觉力传感器依然存在着密封、缺少充分的触觉力接触及力信息传递、传感器输出精度低等问题。为了提高水下机械手精细化操作能力,应对于水下作业机械手感知技术进行更深入的研究,实现作业的智能化,依然具有重要的理论意义和实用价值。

1.2.3　遥操作技术现状

遥操作分为单边遥操作与双边遥操作,其中单边遥操作是在本地直接发控制指令控制远端机械手实现作业任务,本地与远端机械手通过相应的通信网络实现数据交换。双边遥操作是指主从式机械手结构,操作人员操作本地主机械手实现从机械手对本地主机械手的位置跟踪,满足主从机械手的力、位置协同一致的要求,实现操作者在本地就可以感知远端从机械手与操作对象的交互力。在本地直接操控远端对象属于单边遥操作系统,已经具有很好的应用范围,而基于力反馈的、实现本地力觉再现遥操作的方式还需要更进一步发展[58]。主、从式遥操作系统是一个复杂的相互协作的、多模块协作的系统,涉及从手与环境的交互、人机交互、本地主手与从手通信以及主、从手控制等[59]。遥操作系统能将人所在的主手端命令和行为传递并作用于远端,实现对远端环境的操作和控制,从而极大地提高操作者的安全性、可靠性以及工作效率,同时,也节约了成本,减少操作者的心理压力,可以更高效合理地利用人力资源,实现多方协调作业,因此在近十年来在该方面的应用与研究十分活跃。

科学技术的发展造成人们的研究领域及活动范围逐步扩大,在对未知领域如深空[60]、深海[61]、核废料处理[62]、远程医疗[63]等领域的研究中,所处环境存在极大危险性,或者人类难以到达,因此遥操作系统应运而生。在遥操作系统中,操作者对主机器人施加力并将位置指令通过通信网络传送给远程环境中的从机器人,使其以完成某项任务。在这个过程中,如果从机器人能将其与环境之间的作用力返回给操作者,使得操作者有真实的触摸感,则称其为双边遥操作系统。遥操作系统可广泛应用于多种人类无法直接到达的环境,如在太空中作空间站维护及卫星修理,又如作海底探索如深海打捞与水下电缆修理等;也可以用于操作空间非常局限的环境,如人体内腔微创手术;或者如有核辐射以及排雷排爆等非常危险的环境;还可以用遥操作实现远程民用,如远程医疗或远程康复。总而言之,遥操作系统结合了人类的智慧和机器人的优势,可极大地提高任务的执行效率并降低作业成本。

临场感与顺应性是机械手(机器人)遥操作系统中的基本特征。其中,临场感是指将本地操作者的位置和运动信息(如身体及四肢)作为控制指令传递至远处从机械手;另一方面将从机械手与环境的相互作用(如视觉、听觉、力觉与触觉)实时地传送至本地操作者,使操作者仿佛身临其境,从机械手就像是操作者肢体在远处的延伸,从而使操作者能够真实地感受从机械手与环境的交互信息,可以有效地做出正确的抉择,其中,力觉感知在本地再现是临场感中的关键部分。顺应性是机械手(机器人)与周围环境交互的顺从性能力,分为被动柔顺与主动柔顺,被动柔顺是指在机械手末端采用弹簧等能够吸收或者储存能量的装置,使其自然顺应外部作用力;主动柔顺是指利用力的反馈信息采用一定的控制策略去主动控制机械手末端作用力,主要包括阻抗控制及力位移混合控制。

具有临场感的主从遥操作系统的实现,将极大地改善遥操作机器人的作业能力,人们可以将自己的智慧和技术同遥操作机器人的适应能力相结合而完成有害环境或者远距离下的作业任务,如:① 完成无法到达或者危险环境下的任务;② 通过遥操作系统来提高任务的执行效率和精度,并降低成本。在过去的几十年中,遥操作系统主要应用在空间技术、海底探测、军事、矿物开采、核燃料和有毒物质处理、废物处理、远程医疗、远程实验等方面,现在逐步延伸到教育、娱乐等方面。

遥操作技术已经在国外引起了广泛的关注,许多国家已经就遥操作系统的应用开展了大量研究,并且取得了丰硕的成果。2000 年,日本在发射的 ETS-Ⅶ 型卫星上装载了空间机器人,并于 2002 年和 2007 年与德国宇航中心合作,在 ETS-Ⅶ 上完成了遥操作试验以及抓取漂浮卫星的任务[64]。

在水下机械手实现水下作业过程中,为了方便操作作业已经研制了一些同构型主从式遥操作系统,该系统主手关节数与各个关节运动角度与从手完全相同。但是一般没有力觉反馈,通过在主、从机械手上安装电位计、模拟旋转变压器、数字光学编码器或者固态线性位置传感器实现关节位置测量,通过操作主机械手实现向从机械手传送位置信息,从机械手作闭环位置跟踪,实现主、从手位置同步。

为了配合作业,通过摄像机完成对机械手周围环境的观测,然而此系统不包含力觉反馈,能方便作业操作,但是容易造成从手抓取目标的损坏。如图 1-13 所示是典型水下机械手遥操作系统。

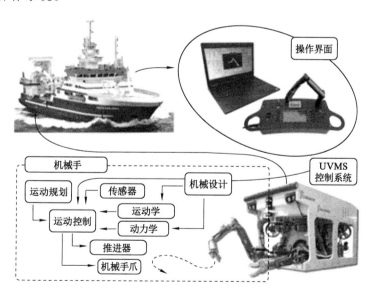

图 1-13 水下机器人(机械手)遥操作系统示意图

Hirabayashi T[65]为了解决水下建设过程中水质浑浊影响摄像机的观测阻碍作业进程,提出了带力觉感知的水下建设机械遥操作系统,并成功使用于砾石堆的平整作业,操作过程如图1-14所示。

图1-14　带有遥操作功能的水下建设机械

2015年,美国进行了一项名为RESTORE-L卫星服务项目,主要用于空间遥操作在轨服务,实现老化的陆地卫星-7燃料加注和目标的重定位[66]。RESTORE-L计划将于2019年发射,运行周期是一年,其能进行自主控制运动,完成与陆地卫星-7自主对接和交会等任务。在操作过程中通过对接操作实现RESTORE-L卫星与待服务卫星的对接,然后通过机械手实现服务对象的燃料加注。图1-15为RESTORE-L遥操作加注燃料作业图。

图1-15　RESTORE-L遥操作加注燃料作业图

相对国外,我国的空间遥操作相关技术研究进展较晚,但由于科技的进步与国家的重视,已经快速地缩短了差距。我国从1992年开始研究临场感遥操作机器人技术,国家863计划中自动化领域机器人技术主题以及航空航天领域空间机器人技术专题分别于1992年和1996年将临场感遥操作机器人技术作为关键技术进行立项研究。清华大学[67]、东南大学[68]、中国科学院合肥智能机械研究所、中国科学院沈阳自动化研究所、北京航空航天大学、国防科技大学[69]以及哈尔滨工业大学[70]等单位从 1992 年开始先后开展了临场感遥操作机器人技术的基础理论与关键技术的研究工作。中国空间技术研究院、上海航天局第八〇五所、哈尔滨工业大学、东南大学和清华大学等单位针对我国载人航天工程与探月工程的需要,积极开展空间遥操作机器人技术的研究。

东南大学仪器科学与工程学院从 1992 年就开始空间遥操作系统的研究,并在 2005 年提出一种基于虚拟预测环境建模的空间遥操作机器人控制系统,该系统采用在线修正的虚拟环境建模的方法,很好地克服了时延所造成的影响[71]。2015 年,我国高技术领域演示项目"舱外自由移动机器人系统"EMR,应用于空间舱外活动的空间遥操作机器人控制系统,并拥有操作和行走能力。该遥操作机器人不仅可以完成多项空间作业任务,如旋转螺丝、抓捕漂浮物与安插插头等精细的作业任务,而且输入控制指令可执行对空间站的装配、维修及检测等任务,并可以完成检测和维护等服务的工作。

西北工业大学黄攀峰团队研制的太空遥操作绳系机械手[72],该系统通过卫星放出的机械手实现对目标的捕捉抓取。利用空间绳索取代多自由度机械臂,组建了空间平台和空间绳索以及末端抓捕机构的新型空间机器人系统,具有操作半径大、机动灵活、安全性高等诸多优势,在未来空间在轨服务中拥有巨大的应用发展前景。空间绳系机器人系统可以通过地面操控空间机器人实现抓捕作业,具有诸多优点,空间绳系机器人目标抓捕示意图如图 1-16 所示。

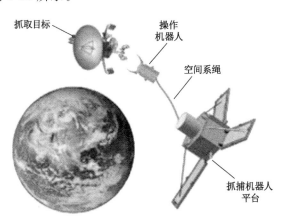

图 1-16　空间绳系机器人目标抓捕示意图

哈尔滨工业大学刘宏团队和德国宇航中心(DLR)合作研制了一款多指灵巧手 HIT/DLR Ⅱ Hand[73]并研发了与之相配的力反馈数据手套。HIT/DLR Ⅱ Hand 由 5 个结构相同的模块化手指和 1 个独立的手掌构成,共具有 15 个独立自由度[74]。每个手指有 4 个活动关节、3 个独立自由度,末端两个关节运动时通过钢丝耦合机构实现,所有的驱动器和电路板均集成在手指或手掌内。为了保证抓握的稳定性,在设计上,HIT/DLR Ⅱ Hand 的拇指放置在其余四指的对面,且其余 4 个手指分别向拇指方向以不同角度收敛。整个手集成有指尖 6 维力传感器、关节力/位置传感器、加速度传感器和触觉传感器。为了实现遥操作功能,与 HIT/DLR Ⅱ Hand 相配的力反馈数据手套如图 1-17(a)所示。

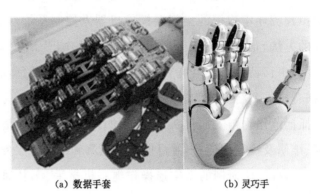

(a) 数据手套　　　　　　　　　(b) 灵巧手

图 1-17　HIT/DLR Ⅱ Hand 灵巧手及力反馈数据手套

力反馈数据手套包含有指尖力传感器、指尖光学测距传感器、基关节力矩传感器、角度传感器以及电机数字霍尔传感器。操作手指与外骨骼装置并不进行固连,操作者手指在自由空间内可进行自由弯曲和伸展运动,而外骨骼手指同时也跟随其作相同的运动,只有在从手受力时,外骨骼手指才给操作者施加作用力,从而使该力反馈数据手套具备区分接触和非接触状态的能力。遥操作灵巧手如图 1-17(b)所示。遥操作系统可以代替宇航员在恶劣危险的太空环境中进行复杂作业,还可以将其安装在太空智能机器人的臂上,独立到舱外进行长时间困难且危险的维修、安装作业。

遥操作是太空探测的主要关键技术之一。2013 年 12 月我国玉兔号月球车搭乘嫦娥三号探测器飞往月球[75],图 1-18 为月球车图片,在整个探月工程中多次成功使用遥操作技术完成了月球表面探测任务,嫦娥三号月球车携带有三对立体相机,其中导航相机和全景相机安装于月球车桅杆顶,避障相机安装于车体前部。导航相机是一对工程相机,主要应用于月球车的导航和定位。月球车遥操作探测过程中主要依靠导航相机拍摄的图像数据进行月球车定位和行驶路径规划。

如图 1-19 是我军某部将退役坦克改造为遥操作无人坦克示意图,操作人员在本地操作方向盘,实现速度信号、方向信号的给定,操作员可通过视频显示器窗口观察远处坦克的真实行车状态,避免了操作人员直接操作坦克在战场上战斗,引起伤亡的危险。由于坦克操作至少保证两名人员,这种遥操作方式可以再配一名作战人员实现坦克车

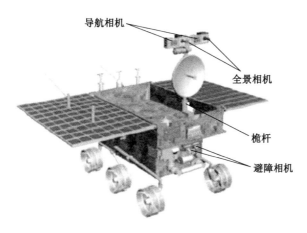

图 1-18　玉兔号月球车

内弹药装填以及作战功能实现。此种遥操作控制方式可以结合通信卫星、侦查无人机将战况实时反映在本地显示器中,将攻击目标视频在图像上完全标注,实现重点研判作战目标的作用。

图 1-19　遥操作坦克示意图

随着人工智能、网络通信技术、协同与控制技术和无人平台技术的发展,避免有人环境下的人的生理极限问题,无人化战争是历史发展趋势,无人高空侦察机、无人战斗机、无人坦克等都会相继出现。单边或者双边遥控指挥操作成为发展趋势[76],将机器人或者作战装置置于战争环境代替人实施战争过程,而控制装置及控制指挥中心远离危险作战现场,成为常态化作战思想。未来战争中战斗机、轰炸机完全是无人形式下的单边操作形式。遥操作技术是未来战争的关键技术核心,未来战争无人化、网络化、高超音速巡航等技术结合使遥操作技术将处于主导地位。因此,遥操作技术不但在水下、太空、危险环境、虚拟训练等领域都具有很好的应用前景,在未来无人化战争中具有广泛的应用前景。

1.2.4 遥操作控制方法

在遥操作系统的控制中,要保证从机械手(机器人)对主机械手(机器人)的位置跟踪,同时在主机械手上的操作力要与从机械手与环境的作用力要相等,保证操作者在本地能感知从机械手与环境接触力,实现主从手上协同一致的目的。为了保证控制性能与跟踪效果,遥操作系统有两个主要的性能指标,即稳定性和透明性[77]。稳定性是遥操作系统实现力位移跟踪控制前提,只有一个稳定的系统才能保证遥操作正常工作;透明性是用户在主手上感受从手的能力,从端机器人可以准确地追踪主端机器人的运动轨迹,同时将从端所在的环境信息准确地传递给主端用户,如果遇到从机械手触碰目标由自由空间到约束空间,这种可以使主端用户可以"身临其境"地感受到从端的信息。透明性主要体现在主、从机械手系统之间的位置同步及力同步。现有的遥操作系统控制结构方面应用较多的有如下四类结构[78]:

(1) 位置误差结构:主、从机器人均基于彼此的位置误差信号设计控制策略,力争使得主机器人和从机械手之间的位置误差最小,从而将这个位置误差的一个比例作为力反馈给操作者。

(2) 直接力反馈结构:从机器人端仍然基于主机械手之间的位置误差进行控制,而主机器人端基于主从端之间的力误差进行控制。

(3) 共享柔顺控制结构:主机器人仍然依赖于从机器人之间的力误差进行控制,而从机器人的控制既包括位置控制项,也包括从机器人与环境之间所测量的作用力。

(4) 四通道控制结构:传感器所测量到的力和位置在主机器人和从机器人之间分别进行交换。

遥操作系统控制方法的研究作为机器人学的一个重要研究领域,在控制方法的研究已经取得重大成果。首先,针对大多数机器人遥操作系统是复杂的非线性系统,研究者通过对系统模型进行简化以及采用先进的线性化技术,使得基于成熟的线性控制思想的遥操作控制策略得到显著发展。基于遥操作系统线性控制方案主要包括线性二次型最优控制方案[79]、H_∞控制[80]、阻尼输入控制[81]、基于线性矩阵不等式[82]的控制等。

由于遥操作系统具有复杂的非线性特征,采用线性控制方法在实际应用中存在诸多弊端,因此,研究者也对非线性控制方法进行了大量研究,主要包括基于无源性理论的方法、基于事件的控制方法、滑模控制策略、自适应控制策略以及智能控制策略等。针对遥操作系统的不确定性,基于滑模变量的自适应控制策略以及智能控制策略是研究的热点。针对遥操作系统的不确定性提出的自适应控制以及智能控制,主要包括以下领域及控制方法设计。

(1)遥操作系统中主从机器人模型的研究

遥操作系统中的主、从机器人系统容易受到非线性且参数的干扰,如机器人的连杆长度、连杆质量以及机器人负载质量等物理量未知或者只有部分已知。为此,自适应控制是一种有效的办法。Chopra为遥操作系统设计了自适应控制器以确保主机器人和从机器人在自由运动时的位置和速度同步[83]。Nuño指出 Chopra 的方案仅适用于不涉及重力的遥操作系统,为此,他将 Chopra 控制方案中的位置和速度项用位置误差和速度误差进行了取代,提出了新的自适应控制器[84]。Kim 针对主机器人和从机器人的参数不确定性,采用复合自适应控制为遥操作系统设计了同步方案,可以获得主机器人和从机器人的状态和参数收敛,并取得位置和力同步[85]。Yang 基于任务空间为主机器人和从机器人设计了一种模糊比例控制器及自适应的模糊比例自适应控制器,以解决系统的动力学不确定性和运动学不确定性,确保系统的同步跟踪误差可以得到收敛[86]。Liu 针对动力学与运动学不确定的遥操作系统,提出了一种无须使用机器人末端执行器速度信息的自适应控制器,以保证系统的稳定性和位置的跟踪性能[87]。然而,上面所有这些方案存在一个局限性,即主要考虑主从机器人的模型动力学或者运动学不确定性,而没有考虑主从机器人关节的非线性摩擦特征。现实应用中,遥操作机器人关节内部摩擦等因素会影响系统的稳定性,导致主从机器人力位移跟踪误差,甚至引起系统的不稳定。

(2)遥操作系统中通信通道时延的研究

如果主机器人和从机器人的距离较远,它们之间的通信通道就会受到通信时延的干扰。通信时延一直是遥操作控制系统中研究的热点之一,而散射方法与波变量方法是遥操作系统中两种用来补偿常数通信时延的经典方法。Loxano 通过在通信时延中引入一个有界的变化增益,对散射方法进行一般化处理,应用到时变时延的遥操作系统以取得良好的位置和力跟踪性能[88]。Hua 取消了通信时延变化率最大值的设定,但仅能确保主从机器人之间的位置跟踪性能,而没有考虑力跟踪性能[89]。Polushin 针对力反射网络遥操作系统中不规则的通信时延,设计了一种基于小增益理论的框架,通过对局部控制增益和力反馈增益进行合适调节可以确保遥操作系统的稳定性[90]。Wang 提出了一种任务空间混合位置/力控制方法,可以处理网络遥操作系统的时变时延问题[91]。Islam 针对遥操作系统中时变对称或时变非对称通信时延,提出一种稳定的自适应跟踪控制器,取得位置误差和速度误差的渐渐收敛[92]。Hashemzadeh 针对时变通信时延的遥操作系统,提出了一种位置和力跟踪方案[93]。Imaida 对具有对称性时延的力反射遥操作系统的比例-积分控制进行研究,得到了比例-积分控制器的稳定性条件,并进一步对含有相对阻尼增益的比例-积分控制律进行了研究,获得了含有相对阻尼增益的比例-积分控制律的稳定性条件[94]。然而,这些工作中至少含有以下几个假设之一:① 常数时延是已知的;② 时变时延的上界是已知的;③ 时变时延的变化率不能大于 1;④ 正向时延和反向时延是对称的。而在实际的遥操作应用中,上述几个假设都具有一定的约束性,因为实际的通信时延可以是时变的、非对称的,甚至是随机的,其变化率有可能大于 1。

(3) 遥操作系统中操作者作用力与环境作用力的研究

遥操作控制面临的另一个关键问题就是操作者作用力和环境作用力的干扰问题。在遥操作系统中,操作者要与主机器人进行交互,从机器人要与环境交互。在交互过程中操作者作用力和环境作用力往往是未知的,这种未知性极大地影响整个系统的位置和力跟踪性能。为了处理未知的操作者和环境作用力,学者们做了大量的研究。Imaida 和 Hua 则将操作者和环境作用力建模为二阶动力学系统[95],总的来看,现有的针对遥操作系统的操作者和环境作用力建模方法可以分为两类:一类是用两端口网络分析将其等效为一个带阻抗的电压源或者电流源,而另一类将操作者和环境作为单力输入单运动输出的系统对待。这两类模型虽然各有长处,但是未能充分体现出操作者和环境的复杂性和适应性。特别是在实际的应用中,往往无法根据环境的形变和刚度对作用力进行建模,因为环境的刚度在接触过程中会发生变化,使得环境作用力是非线性的、时变的,故将环境作用力表达为一个固定的数学模型这种假设是不符合实际的。另一方面,Ueda,Sabanovic,Ousaid,Kruse 等则未采用数学建模方法,而是假定操作者作用力和环境作用力可用力传感器测量[96],然而在一些实际的遥操作系统中有时是不可能实现的,如在微创手术中很难将力矩传感器安装在内腔镜手术器械的端部。此外,众所周知,力和力矩传感器都有测量噪声,对干扰敏感,这就意味着在一些应用中采用力和力矩传感器是不可取的。

在遥操作系统中,针对模型不确定性、时延问题以及外部测量力不准确问题依然是需要解决的问题,需要设计新型的位置和力控制算法系统地对非线性遥操作系统的干扰进行抑制,使得系统在受到外部以及内部不确定干扰的情形下仍然能够实现主从机器人之间的位置和力的准确跟踪,确保主从机器人遥操作系统的透明性和稳定性[97]。特别针对遥操作系统中存在着各种各样的参数不确定性,如动力学参数[98]、运动学参数[99]、一些线性化参数和非线性化参数等,这些不同类型的参数不确定性都会降低系统的稳定性和透明性[100]。因此,根据不同的情形设计相应的控制律以解决遥操作过程中的不确定问题,依然是当前亟待解决的任务。

1.3 研究目的和意义

主从式遥操作系统是指人在隔离危险的环境中控制远程设备完成复杂操作的系统,是人的感觉和人机智能交互的延伸载体,能将处在安全环境的操作者所发出的主动端操作命令传递到从动端,控制从动端设备实现危险环境中期望的操作,极大地保证操作者的安全性,同时提高工作效率,节约成本,更加高效合理地利用人力资源,实现多方协调作业。并且可以通过图像传感器、声音传感器等将远端从机械手工作环境重现在本地主机械手跟前,主机械手通过虚拟技术感知远端的环境、声音信息,并且可以感知操作的力信息,仿佛身临其境,摆脱了距离限制问题。

本书针对水下机械手操作过程既考虑了水下的复杂环境,又考虑提高操作效率,其典型的水下机械手遥操作应用基本结构如图1-20所示。在图1-20所研究的系统中,主机械手一般位于水下船舱驾驶室内或者水下作业潜器驾驶舱内,从机械手安装在水下航行器AUV或者ROV上直接操作作业对象,主从机械手通过脐带缆连接,实现对远端的供电以及数据通信。操作者可感知从手操作环境的作用力,进而可以通过视频灵活给定施加作用力值,并且从手根据主手的操作位置实现实时跟踪,保证实现主从机械手力-位置协调一致。

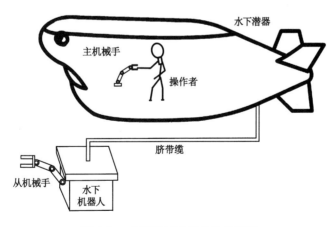

图 1-20 水下机械手遥操作示意图

本书所研究的主从结构的遥操作是通用的遥操作方式,包括本地主机械手、远端从机械手、主从通信装置,主机械手和从机械手通过信号电缆连接,位于水面或者水中平台(舰艇、船舶、潜艇、载人深潜器等)的操作人员通过主机械手来对位于水中的远端从机械手实施操作,从机械手将现场作业过程中的力觉信息通过主机械手反馈给操作人员。操作人员在操纵主机械手的过程中,能在主机械手上感知远程从机械手上的力觉信息。操作人员作为整个操作遥系统的实施者,可根据力觉、视觉、听觉信息全面、准确地判断和评价操作状况,有效地弥补主机械手在模式识别和综合判断方面的不足。操作人员根据实际情况做出操作决策,从而对远程水下从机械手实施精细控制,避免过操作或者欠操作带来的失误,避免了操作者直接处于危险区域,减少人员伤亡,并具有精细化操作的特点。这样的遥操作系统融合了人的高级智能及机器人的可扩展性,克服了距离限制,提高了作业效率及控制性能。

基于力觉感知的水下机械手遥操作系统,主要研究了水下触觉力测量、本地力觉再现;遥操作主从机械手双边控制策略实现主从机械手位置、力协同一致的控制目的。基于水下机械手遥操作力反馈装置作为研究探索的目标,解决本地力觉再现的控制方法以及主要力反馈驱动结构的实现,设计了面向水下遥操作的本地力觉再现装置。根据该装置搭建了单自由度遥操作力反馈平台,并进行了力反馈装置的试验,满足了标准的触觉力信号在手指上的控制实现,分析了力反馈装置的力跟踪控制方法。由于水下的复杂环境考虑机械手模型不确定性以及外部干扰等条件下的鲁棒控制实现双边控制,实现主从机械手力、位置系统一致,避免了操作者处于危险区域。

通过样机验证、结构设计探索、控制方法验证等研究方法有效地证实了水下遥操作机械手系统的可实现性,对于水下样本采集、水下排雷排爆等需要有人参与的水下作业,使操作者摆脱了水下大水深、大水压的危险环境,可以在水面安全环境实现完全可靠操作。

1.4　本书内容与结构安排

遥操作系统的优点是可以使水下机械手的作业控制更灵活、直观,控制程序相对简单,对工作环境的要求不高,能够适应不同的工作场合以及工作任务的需要。研究具有临场感的主从机械手控制系统是主、从控制的重点。具有临场感的主从机械手工作原理使操作者处于安全位置,操作主机械手控制现场工作的从机械手完成复杂的任务,通过力觉和视觉反馈使操作者具有身临其境的感受。本书主要研究遥操作双边控制系统以解决水下复杂环境下的机械手操作,保证高效、安全性能,同时遥操作系统还可以通过视频监控在本地实现三维重构,并通过双边控制实现主从手力、位置的协调一致,保证操作者有种身临其境的感受。

水下机器人还难以代替人在复杂、未知或不确定的水下环境中进行自主操作,因此有人类参与、具有临场力感知的遥操作机器人系统是在复杂或者有害水下环境作业的重要设备。操作人员可直接参与远程操作过程,在本地实现远端机械手触觉力的本地再现,在对人身存在危险或危险的场合中得到了广泛的应用。

本书主要研究基于力觉感知的水下机械手遥操作系统,主要包括水下力觉感知、本地力觉再现以及机械手遥操作控制律设计等问题。基于以上研究内容本书分为9章,主要内容介绍如下:

第1章主要对水下机械手遥操作技术原因以及国内外现状做了一定的介绍。主要对水下机械手、水下力觉感知现状以及遥操作技术研究的现状及双边控制方法做了一定的介绍及指出不足之处,并对研究方向做了阐述,介绍了本课题研究的目的与意义。

第2章针对单自由度遥操作系统主从机械手力位移跟踪一致性及主手操作的柔顺性能,提出了一种模糊阻抗控制与滑模变结构双边控制方法。为了提高主机械手力控制柔顺性能以及从机械手鲁棒性能,主手端采用模糊自适应阻抗控制策略,从手端采用积分滑模控制策略,为了增加从机械手运动过程的鲁棒性能,设计了积分型准滑模控制予以消除。所引入的饱和函数消除了滑模运动的抖振,通过设计指数型趋近律实现从手位置跟踪收敛的快速性。利用 Liewellyn 绝对稳定性准则分析了整个系统的稳定性条件。

第3章针对主从机械手存在关节摩擦以及关节长度、质量不可完全测量引起机械手模型不确定的问题,还包括从机械手存在水流引起的不确定干扰问题,为了实现主从机械手力位移协同一致,提出了自适应双边控制策略。针对主机械手模型参数与运动参数的不确定性,设计了基于阻抗模型的参考自适应阻抗控制,利用自适应控制律补偿模型不确定性,实现主手上操作者施加力与从手和环境交互力信号的跟踪匹配。针对从手的不确定性通过径向基函数(Radical Basis Function,RBF)神经网络逼近模型的不确定部分,通过滑模变结构控制器与自适应控制器消除逼近误差,满足了从机械手对主机械手位置跟踪误差一致稳定有界。并通过李雅普诺夫稳定判据证明了控制稳定性。

第4章针对主从机械手遥操作过程中,主手存在关节摩擦、从手存在关节摩擦以及外部不确定干扰引起的模型不确定问题,提出了自适应阻抗控制方法。其中主手设计了一种新的模型参考自适应阻抗控制并且通过有界-增益-遗忘(Bounded-Gain-Forgetting,BGF)混合自适应阻抗控制方法。从手设计了基于 GL 矩阵(Ge-Lee Matrix)的

RBF 神经网络分块逼近的鲁棒自适应控制方法。利用 RBF 神经网络直接逼近机械手动态方程中的每一个元素，自适应控制包括合适的更新率以及设计鲁棒控制律来抑制神经网络的逼近误差。利用李雅普诺夫稳定判据证明了稳定性。通过试验验证了控制律的控制性能。

第 5 章针对主从机械手分别存在外界不确定干扰以及关节摩擦引起数学模型不确定问题提出了自适应双边控制策略。建立线性二阶微分方程的参考阻抗模型，主机械手将操作者施加力与从手与抓取目标作用力的差作为输入，从机械手阻抗模型将从手与抓取目标作用力作为输入，将主从手参考阻抗模型的动态响应期望位置作为主、从机械手末端的操作空间下的位置跟踪目标，并且设计了主从手控制律。通过自适应调节补偿参数的不确定性，针对外部干扰，设计了自适应上界估计率，利用基于滑模控制的自适应律来抑制不确定误差及外部干扰作用，实现了模型不确定性及外部干扰下的鲁棒性能。

第 6 章针对水下机械手目标抓取的多样性研究了实现机械手不同力跟踪的自适应控制方法。利用仿人手抓取目标原理，参考机械手在果蔬抓取的力控制，提出了一种自适应阻抗控制算法。通过构造基于位置的阻抗控制模型，对抓取目标的阻抗参数进行在线辨识，对机械手末端运动特征与刚度模糊辨识调整期望力值。将期望力与接触力误差通过自适应 PID 实时期望位置调节，实现了机械手在跟踪期望位置的同时跟踪期望力值，保证了目标抓住最大限度地避免目标损伤。

第 7 章针对水下机械手缺少力觉感知的问题研究了触觉力测量传感器。为了消除水静态压强影响，设计了以硅杯为敏感单元的胶囊式触觉力测量传感器，其一侧可感知水压与触觉力信息，另一侧可测量水压信息，从而实现了水的静态压力矢量叠加下的触觉力测量。同时，利用弹性力学与板壳理论分析推导了方形硅杯底部的应力分布，并通过 Ansys 软件分析了硅杯底部的应力和应变分布，保证了深水环境下触觉力传感器的可靠性，并进行了试验验证研究。

第 8 章针对遥操作系统增强现实及实现本地力觉再现以提高精细化操作，设计了用于人机交互功能的力反馈装置。该装置为单自由度结构，基于步进电机驱动。利用微控制器采集触觉力信号及关节位移信号，通过基于力误差的 PID 控制调整位置变量实现了力信号控制的目标，实现了触觉力传感器输出与标准力信号的匹配。研究了利用单自由度力反馈平台实现遥操作力位移跟踪试验，实现了本地操作主机械手感知从手触觉力的目的。

第 9 章总结本书的主要研究内容及创新点，提出未来工作的研究方向。

2 单自由度遥操作鲁棒滑模双边控制

2.1 引　　言

主从遥操作系统通过操作主手使从手跟踪主手的位置信息,而在主手上可以感受到从手抓取物体的受力信息,使操作者有种身临其境的感觉。将遥操作技术应用于水下机械手水下样本采集领域,大大改善了这些领域发展的需求。该系统克服了距离限制或者避开了操作者直接与环境接触的危险性。已经在遥操作手术、太空探索、虚拟装配等领域进行了相关研究。然而,遥操作系统依然存在很多问题,如由于抓取对象的刚度未知引起主手上感觉不强,目标未知、外界干扰给系统控制带来困难,以及由于距离原因使主、从手间数据通信带来的时延问题等。

针对遥操作系统存在的问题,很多学者已经提出了多种控制方法。主要包括鲁棒H_∞控制方法、自适应PD控制方法、基于波变量的双边控制方法、无源控制理论以及模型预测控制方法等。这些控制方法能够保证整体系统的稳定性和精确性要求,但是整体系统多以精确的数学模型为基础,但精确的数学模型由于存在关节摩擦、重力影响而无法获取;鲁棒H_∞控制虽然允许模型摄动,但复杂的数学计算会对系统稳定性带来影响。文献[101]提出了主手阻抗控制、从手变结构的控制方法,但是对主从手参数不确定性、系统摩擦等对系统临场感带来的影响问题无法解决。文献[102]在主手阻抗控制、从手变结构控制的基础上加入了扰动观测器,保证了在外界干扰下系统的鲁棒性并有效提高操作性能,但是对抓取对象的刚度变化无法实现柔顺控制,固定的阻抗参数不能兼顾稳定性和动态响应问题,造成操作者临场性不强的问题。

由于水下环境复杂,水下机械手依然以结构简单并且能够易于控制的夹钳式结构或者平移式单自由度夹持工件为主。本章针对单自由度遥操作系统实现力位移协同一致性以及操作过程中的柔顺性能,提出了滑模阻抗双边控制策略。单自由度系统选择的是质量-阻尼系统,为了提高力位移之间的柔顺性能以及从手鲁棒性,主手端采用模糊自适应阻抗控制策略,从手端采用积分滑模控制策略,为了增加从机械手在运动过程中的抗干扰能力,设计了积分型准滑模控制器。所引入的饱和函数消除了滑模运动的抖振,通过设计指数型趋近律实现从手位置跟踪收敛的快速性。利用 Liewellyn 绝对稳定性准则分析了整个系统的稳定性条件,并给出了相关参数设计原则。为了验证控制方法的有效性,搭建了单自由度条件下的双边力反馈遥操作系统平台。

同时,本章在 Matlab/Simulink 仿真平台验证了面向单自由度遥操作系统主从机械手力-位移跟踪特征,验证了该控制方法通过模糊控制策略实时地调整阻抗参数,不但能使系统稳定,而且具有自适应能力,具有良好的动态品质。

2.2　系统结构与数学模型

2.2.1　系统结构

系统结构如图 2-1 所示,具有临场交互的力感知水下机械手遥操作系统由两个完全相同的机械手通过电信号连接。主机械手位于操作舱内,由操作员直接控制,从机械手位于作业区域,一般安装在水下航行器上,直接操作作业对象。操作者操作主手得到位置信号,将该位置信号通过通信环节传递给从手,作为从手跟踪目标;主手接收从手反馈回来的力信号,通过主机械手控制器调节主手位置,操作者通过感受到的主手力信号来确定施加给主手的力,由主手上力的平衡原理感受从机械手端与环境的接触力。

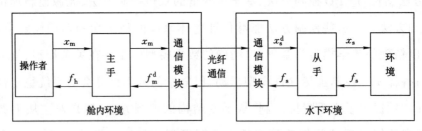

图 2-1　双边遥操作控制系统结构图

遥操作双边控制中,一般由于距离的原因会造成通信数据传输延迟,引起主、从机械手控制不确定性问题是常常要考虑的问题。然而水下机械手遥操作系统中主、从机械手的距离一般较近,大约 2 000 m 之内,这里忽略了主、从机械手之间的数据通信延迟问题。

2.2.2 系统数学模型

主、从式机械手在单自由度情况下的数学模型如式(2-1)所示：

$$m_{\mathrm{m}}\ddot{x}_{\mathrm{m}} + b_{\mathrm{m}}\dot{x}_{\mathrm{m}} = \tau_{\mathrm{m}} - f_{\mathrm{m}} \tag{2-1}$$

$$m_{\mathrm{s}}\ddot{x}_{\mathrm{s}} + b_{\mathrm{s}}\dot{x}_{\mathrm{s}} = \tau_{\mathrm{s}} - f_{\mathrm{s}} \tag{2-2}$$

式中，m_{m}、m_{s} 为主机械手和从机械手的质量；b_{m}、b_{s} 为速度阻尼系数；τ_{m}、τ_{s} 为对主机械手、从机械手的控制量；f_{m}、f_{s} 分别为人对主机械手，环境对从机械手的作用力；x_{m}、x_{s} 为主机械手、从机械手的位移量。主、从机械手模型示意图如图 2-2 所示。

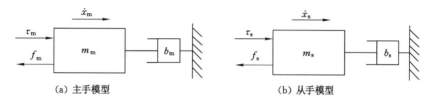

（a）主手模型　　　　　　　　　　（b）从手模型

图 2-2　单自由度主、从机械手模型示意图

从机械手的位置设定值为 $x_{\mathrm{s}}^{\mathrm{d}}$，为主机械手的位置信号 x_{m}。主机械手上力觉设定值为 $f_{\mathrm{m}}^{\mathrm{d}}$，为从机械手上与环境接触受力 f_{s}。可以用以下方程表示：

$$x_{\mathrm{s}}^{\mathrm{d}} = x_{\mathrm{m}} \tag{2-3}$$

$$f_{\mathrm{m}}^{\mathrm{d}} = f_{\mathrm{s}} \tag{2-4}$$

从机械手运动过程分为自由空间的运动以及与环境接触后的受力后的运动。从机械手在水下作业任务时，末端运动速度较小，忽略环境阻尼项与惯性项对作用力 f_{s} 的影响，只考虑运动位置对 f_{s} 的影响，这时从机械手系统可以看成线性弹簧，与环境的接触力 f_{s} 可以表示为：

$$f_{\mathrm{s}} = \begin{cases} k_{\mathrm{e}}(x_{\mathrm{s}} - x_{\mathrm{e}}) & x_{\mathrm{s}} \geqslant x_{\mathrm{e}} \\ 0 & x_{\mathrm{s}} < x_{\mathrm{e}} \end{cases} \tag{2-5}$$

式中，x_{e} 表示从机械手与接触环境的位置；k_{e} 表示抓取目标的刚度系数。当 $x_{\mathrm{s}} < x_{\mathrm{e}}$ 时，主手、从手的运动处于自由空间状态；当 $x_{\mathrm{s}} \geqslant x_{\mathrm{e}}$ 时可以看成从机械手与环境接触，这时环境受力模型简略为一个弹簧模型。对弹簧挤压过程中位移越大，作用力与反作用力则越大。

2.3　控制律设计

无论主机械手还是从机械手，都需要在两种工作状态中切换，即自由空间的非接触状态和约束空间的接触状态之间的转换。阻抗控制具有易于实现自由空间和约束空间之间的稳定性过渡，且不需要精确的离线任务规划等优点，能很好地适用于遥操作系统控制。本章根据主从机械手的任务特点，分别设计了不同的基于阻抗的控制器。

2.3.1 主机械手阻抗控制设计

主机械手阻抗控制是根据自身所受力 f_m 与从手与环境接触力 f_s 的误差来调节自身的位置 x_m，实现主手力 f_m 与从手与环境接触力 f_s 的一致性，其属于力-位移综合控制范畴。将从手抓取环境等效为阻抗模型，主手力位移综合控制等效为惯性-阻尼-刚度模型，按照主手与从手力误差调节器自身参数完成抓取力与位移的动态关系，并据此设计合理的控制器，使机械手模型调节为期望的阻抗模型。主机械手期望的阻抗模型为：

$$\bar{m}_m \ddot{x}_m + \bar{b}_m \dot{x}_m + \bar{k}_m x_m = f_m - f_s \tag{2-6}$$

式中，$\bar{m}_m$、$\bar{b}_m$、$\bar{k}_m$ 分别表示机械手期望的惯性、阻尼、刚度；$\bar{m}_m$ 表示理想惯性，在有大的加速度的高速运动或会产生冲力的运动时影响较大；$\bar{b}_m$ 表示理想阻尼，在中速运动或者存在较强干扰时影响较大；$\bar{k}_m$ 表示理想刚度，在平衡状态附近的低速运动时影响较大。由于传感器测量 $\ddot{x}_m$ 带有一定的误差，即测量加速度时会产生一定的噪声，不宜用加速度信号作为反馈的控制量。这里消去 $\ddot{x}_m$ 项，由(2-6)式与(2-1)式联立得到主机械手阻抗控制律为：

$$\tau_m = (b_m - \frac{m_m}{\bar{m}_m}\bar{b}_m)\dot{x}_m + (\frac{m_m}{\bar{m}_m} - 1)f_m + \frac{m_m}{\bar{m}_m}(\bar{k}_m x_m - f_s) \tag{2-7}$$

主手端由于系统参数的不确定性、未知摩擦以及干扰的影响，以及力传感器测量的误差存在，主手端动力学模型并不能精确获知，造成主手端阻抗控制有一定的误差。主手固定的阻抗参数在抓取目标大范围刚度变化下，从手跟踪时会出现较大的位置静态误差。为了改善从手由自由状态到接触环境状态对主手造成的影响，应提高控制系统的精确性，能使主手掌握从手对接触环境的具体感受，对主手的阻抗参数作模糊化自适应调整。设：

$$\begin{cases} \Delta f_s = f_s(k) - f_s(k-1) \\ \Delta x_s = x_s(k) - x_s(k-1) \end{cases} \quad k \geqslant 1 \tag{2-8}$$

即通过本次采样的 $f_s(k)$、$x_s(k)$ 与对应上次采样 $f_s(k-1)$、$x_s(k-1)$ 作差获取 Δf_s、Δx_s，将其作为评判抓取目标刚度指标。从手抓取刚度系数较小的目标，如软体动物时，主手期望阻抗参数 k_m、b_m 应选择较小，这样在从手产生较小的接触力时，在主手上可以产生较大的位移 x_{m}，主手上感觉到从手抓取的物体质软；相反，如果从手抓取石块等刚度较大的样本时，就要选择很大的期望阻抗参数 k_{m}、b_{m}，使主手在相同力作用下产生的位移 x_{m} 较小，感受到从手物体刚度较大。即通过从手抓取目标的刚度来调节主手的阻抗参数。则系统整体控制原理图如图 2-3 所示。

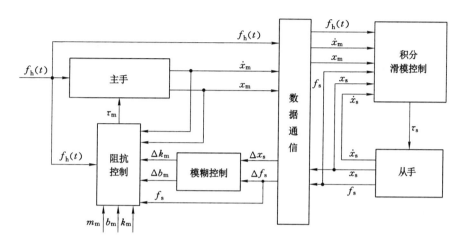

图 2-3　系统控制原理图

设 Δf_{s}、Δx_{s} 为模糊控制器的输入，Δb_{m}、Δk_{m} 模糊控制器的输出。设模糊控制器的设计规则如下：

（1）当 Δf_{s} 为零时，无论 Δx_{s} 如何，说明从机械手没有和外界接触，应取 Δk_{m} 和 Δb_{m} 为零，对 $\bar{k}_{\mathrm{m}}$ 和 $\bar{b}_{\mathrm{m}}$ 不做调节。

（2）当 Δf_{s} 比较大，Δx_{s} 较小时，说明从机械手接触物体的刚度系数较大，为了在 f_{m} 下感受到从手接触的物体较硬，应取较大的 Δk_{m} 和较大的 Δb_{m}，产生较小的位移 x_{m}。

（3）当 Δf_{s} 比较小，Δx_{s} 较大时，说明从机械手接触物体的刚度系数较小，为了在 f_{m} 下感受到从手接触的物体较软，应取较小的 Δk_{m} 和较小的 Δb_{m}，产生较大的位移 x_{m}。

根据以上模糊规则，将所有的输入输出变量归一化后划分为 7 个模糊子集，分别用字母负大（NB）、负中（NM）、负小（NS）、零（ZO）、正小（PS）、正中（PM）、正大（PB）表示，每个模糊集的隶属度函数均为高斯型函数。设计的 Δb_{m}，Δk_{m} 模糊规则表如表 2-1、表 2-2 所示。

表 2-1 $\Delta b_{\rm m}$ 模糊控制规则表

$\Delta b_{\rm m}$		$\Delta f_{\rm s}$						
		NB	NM	NS	ZO	PS	PM	PB
$\Delta x_{\rm s}$	NB	ZO	ZO	ZO	ZO	PS	PS	PM
	NM	ZO	NM	NS	ZO	PS	PM	ZO
	NS	ZO	NS	NS	ZO	PS	ZO	ZO
	ZO	ZO	ZO	ZO	ZO	ZO	ZO	ZO
	PS	ZO	ZO	NS	ZO	PS	PS	ZO
	PM	ZO	NM	NS	ZO	PS	PM	ZO
	PB	NM	NS	NS	ZO	ZO	ZO	ZO

表 2-2 $\Delta k_{\rm m}$ 模糊控制规则表

$\Delta b_{\rm m}$		$\Delta f_{\rm s}$						
		NB	NM	NS	ZO	PS	PM	PB
$\Delta x_{\rm s}$	NB	ZO	ZO	ZO	ZO	PS	PS	ZO
	NM	ZO	ZO	NS	ZO	PS	PM	ZO
	NS	ZO	NS	NS	ZO	PS	ZO	ZO
	ZO	ZO	ZO	ZO	ZO	ZO	ZO	ZO
	PS	ZO	ZO	NS	ZO	PS	PS	ZO
	PM	ZO	NS	NS	ZO	PS	ZO	ZO
	PB	ZO	NS	NS	ZO	ZO	ZO	ZO

模糊推理采用传统的 Mamdani 算法，模糊推理规则采用 max-min 运算方法。模糊推理结果的非模糊化采用重心法。阻抗控制最终期望参数如式(2-9)所示。

$$\begin{cases} \bar{b}_{\rm m}(k) = \bar{b}_{\rm m}(k-1) + \Delta b_{\rm m} \\ \bar{k}_{\rm m}(k) = \bar{k}_{\rm m}(k-1) + \Delta k_{\rm m} \end{cases} \qquad k \geqslant 1 \qquad (2-9)$$

即当前 $\bar{b}_{\rm m}$、$\bar{k}_{\rm m}$ 值是由上一次的 $\bar{b}_{\rm m}$、$\bar{k}_{\rm m}$ 值加上模糊推理得到的 $\Delta b_{\rm m}$、$\Delta k_{\rm m}$ 值得到。通过主手上加入模糊控制来自适应调节主手阻抗控制参数，使得主手上施加相同力时主手上位置改变量不同，主手上可以感受从手接触的物体的软硬程度，并提高了柔顺性以及自适应控制的能力。

2.3.2 从机械手控制律的设计

对于从机械手控制系统，从机械手对主机械手的跟踪有自由空间的运动位置跟踪和从机械手对环境触碰后的位置跟踪。从机械手期望的阻抗模型可以表述为：

$$\bar{m}_s \ddot{\tilde{x}}_s(t) + \bar{b}_s \dot{\tilde{x}}_s(t) + \bar{k}_s \tilde{x}_s(t) = -f_s(t) \tag{2-10}$$

式(2-10)中，$\bar{m}_s$、$\bar{b}_s$、$\bar{m}_s$ 分别为从手的期望惯性、阻尼系数和刚度；$\tilde{x}_s(t) = x_s(t) - x_s^d(t)$ 为位置跟踪误差。由式(2-10)得 $\ddot{\tilde{x}}_s(t)$，由式(2-6)得 $\ddot{x}_m$，将 $\ddot{\tilde{x}}_s(t)$，$\ddot{x}_m$ 代入式(2-2)，可得：

$$\tau_{s1} = \left(1 - \frac{m_s}{\bar{m}_m} - \frac{m_s}{\bar{m}_s}\right) f_s + \frac{m_s}{\bar{m}_m} f_m + \left(b_s - \frac{m_s \bar{b}_s}{\bar{m}_m}\right) \dot{x}_s - \frac{m_s \bar{k}_s}{\bar{m}_m} x_s +$$

$$\left(\frac{m_s \bar{b}_s}{\bar{m}_s} - \frac{m_s \bar{b}_m}{\bar{m}_m}\right) \dot{x}_m + \left(\frac{m_s \bar{k}_s}{\bar{m}_s} - \frac{m_s \bar{k}_m}{\bar{m}_m}\right) x_m \tag{2-11}$$

在从手上依靠设计滑模控制器使期望的阻抗模型能够沿滑模面形成常规滑动模态[103]。利用滑模变结构控制器的鲁棒特性对从机械手在水中运动受到水的阻力带来的扰动，以及参数的不确定性和模型的动态不确定性带来的控制误差做抗干扰能力。为了实现式(2-10)表示的期望阻抗关系，通过改进滑模控制器，建立从手的积分滑模阻抗控制器，以消除抖振。定义从手系统误差为：

$$e_f = \bar{m}_s \ddot{\tilde{x}}_s(t) + \bar{b}_s \dot{\tilde{x}}_s(t) + \bar{k}_s \tilde{x}_s(t) + f_e(t) \tag{2-12}$$

和主手阻抗控制不同，当 $e_f = 0$ 时，系统能够保证期望的阻抗参数模型成立。由式(2-12)与式(2-2)可得理想控制律：

$$\tau_{seq} = f_s + b_s \dot{x}_s + m_s \ddot{x}_m + m_s \ddot{\tilde{x}}_s$$

$$= f_s + b_s \dot{x}_s + m_s \ddot{x}_m - \frac{m_s}{\bar{m}_s} (\bar{b}_s \dot{\tilde{x}}_s + \bar{k}_s \tilde{x}_s + f_s) \tag{2-13}$$

由于 $e_f = 0$ 含有从手运动信息的加速度项，即 $\ddot{\tilde{x}}_s(t)$，无法直接得到切换函数。定义 e_f 的积分形式作为切换函数，可得如下形式滑模运动方程：

$$s(t) = \frac{1}{\bar{m}_s} \int_0^t e_f(\tau) d\tau = \dot{\tilde{x}}_s(t) + \frac{\bar{b}_s}{\bar{m}_s} \tilde{x}_s(t) + \frac{1}{\bar{m}_s} \int_0^t (\bar{k}_s \tilde{x}_s(\tau) + f_s(\tau)) d\tau \tag{2-14}$$

若式(2-14)成立，且系统到达滑模面，则有：

$$e_f = \bar{m}_s \dot{s}(t) = 0 \tag{2-15}$$

设计指数型滑模趋近律，令：

$$\dot{s}(t) = -\varepsilon sat(s(t)) - ks(t) \quad \varepsilon、k > 0 \tag{2-16}$$

式中，ε 表示非线性增益；k 表示指数型趋近律；$sat(*)$ 表示饱和函数。引入饱和函数可以有效降低滑模运动时的抖振，设 Δ 为消除抖振的阈值，Δ 阈值的引入为 $s(t)$ 设置了一个厚度为 Δ 的边界，在 $|s(t)| \leqslant \Delta$ 时为线性滑模运动。饱和函数 $sat(x)$ 可以表示为：

$$\mathrm{sat}(x)=\begin{cases}1 & x>\Lambda \\ \dfrac{1}{\Delta} & -\Delta\leqslant x\leqslant\Delta \\ -1 & x<-\Delta\end{cases}\qquad(2\text{-}17)$$

因此，阻抗控制器的设计就转化为设计一个滑模控制器以保证包含期望的阻抗模型状态轨迹始终处于滑模面上。当 $\dot{s}(t)=0$ 时，联合式(2-2)、(2-16)可得等效控制输入。由式(2-14)、式(2-7)、式(2-2)得从机械手滑模控制律为：

$$\tau_s=(1-\frac{m_s}{m_m})f_s+\frac{m_s}{m_m}f_m+\frac{m_s}{m_m}\tau_m+(b_s-\frac{m_s\bar{b}_s}{\bar{m}_s})\dot{x}_s-\frac{m_s\bar{k}_s}{\bar{m}_s}x_s-$$

$$(\frac{m_s\bar{b}_s}{\bar{m}_s}+\frac{m_s\bar{b}_m}{\bar{m}_m})\dot{x}_m+\frac{m_s\bar{k}_s}{\bar{m}_s}x_m-\frac{m_s\varepsilon}{\bar{m}_s}\mathrm{sat}(s(t))-\frac{m_sks(t)}{\bar{m}_s}\qquad(2\text{-}18)$$

为了满足模态滑动条件，由(2-19)式可以看出，当 $k,\varepsilon>0$、$\Delta>1$ 时，满足 $s(t)\dot{s}(t)<0$ 的条件，所以从手满足控制稳定条件：

$$s(t)\dot{s}(t)=s(t)(-\varepsilon sat(s(t))-ks(t))\leqslant-k\,|s(t)|^2<0\qquad(2\text{-}19)$$

2.4 稳定性分析

遥操作系统包含主手、从手以及通信环节，假设主手控制器、环境是无源的，则遥操作系统可以看作以主手操作、环境作用组成的二端口网络系统。二端口网络的绝对稳定性准则[104]以输入、输出特性为基础，可以用来分析遥操作系统的稳定性问题。则主从式遥操作系统表示为二端口网络模型如图2-4所示。主手端端口代表了操作者-主机械手接口，从手端端口代表环境-从手端接口。

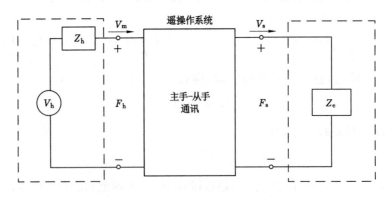

图 2-4 遥操作系统二端口网络模型

二端口网络以 H 参数组成的混合矩阵为基础，由式(2-6)、式(2-10)可得 $f_m(t)$、$f_s(t)$ 与 $x_m(t)$、$x_s(t)$ 之间的阻抗关系，将其换算为(2-20)式所示的混合矩阵，表示该网络输入输出之间的对应关系为：

$$\begin{pmatrix} F_h(s) \\ -V_s(s) \end{pmatrix} = \begin{pmatrix} h_{11} & h_{12} \\ h_{21} & h_{22} \end{pmatrix} \begin{pmatrix} V_m(s) \\ -F_s(s) \end{pmatrix} \tag{2-20}$$

式(2-20)中，$F_h(s)$、$V_m(s)$、$F_s(s)$、$V_s(s)$ 分别为 $f_m(t)$、$x_m(t)$、$f_s(t)$、$x_s(t)$ 的拉氏变换，在混合矩阵中各参数的定义如式(2-21)所示。

$$h_{11} = \frac{F_h(s)}{V_m(s)}\bigg|_{F_e=0} \qquad h_{12} = \frac{F_h(s)}{F_e(s)}\bigg|_{V_m=0}$$
$$h_{21} = \frac{-V_s(s)}{V_m(s)}\bigg|_{F_e=0} \qquad h_{22} = \frac{-V_s(s)}{F_e(s)}\bigg|_{V_m=0} \tag{2-21}$$

莱威林(Liewellyn)稳定判据提供了绝对稳定准则的充要条件[105]。一个二端口网络是绝对稳定的，当且仅当满足以下条件：

① h_{11}、h_{22} 在右半平面内无极点。

② h_{11}、h_{22} 若在虚轴上存在极点，则在这些极点处算得的留数矩阵为非负定的。

③ 对于所有的 $s = j\omega$，有式(2-22)成立：

$$\begin{cases} \text{Re}[h_{11}] \geqslant 0 \\ \text{Re}[h_{22}] \geqslant 0 \\ 2\text{Re}[h_{11}]\text{Re}[h_{22}] - \text{Re}[h_{12}h_{21}] - |h_{12}h_{21}| \geqslant 0 \end{cases} \tag{2-22}$$

若混合矩阵的参数满足以上三个条件，则遥操作系统是绝对稳定的。从莱威林(Liewellyn)稳定判据①、②、③可知，通过设计合理的滑模控制器，可以使式(2-23)成立，从而使从手实现期望的阻抗控制。由式(2-6)、式(2-10)可得混合矩阵表达式为：

$$\begin{pmatrix} h_{11} & h_{12} \\ h_{21} & h_{22} \end{pmatrix} = \begin{pmatrix} \bar{m}_m s + \bar{b}_m + \dfrac{\bar{k}_m}{s} & 1 \\ 1 & \dfrac{s}{\bar{m}_s s^2 + \bar{b}_s s + \bar{k}_s} \end{pmatrix} \tag{2-23}$$

一般期望阻抗参数为正定的，因此混合矩阵式(2-23)满足绝对稳定准则的①、②以及③的前两项，由式(2-24)可知，遥操作系统完全满足绝对稳定准则，所以系统是绝对稳定的。

$$\frac{2\bar{b}_m \bar{b}_s \omega^2}{(\bar{k}_s - \bar{m}_s \omega^2)^2 + (\bar{b}_s \omega)^2} \geqslant 0 \tag{2-24}$$

2.5 仿真试验验证

2.5.1 仿真验证

根据主、从机械手的系统模型以及控制要求,在 Matlab/Simulink 下仿真试验。按照控制要求建立阻抗控制,滑模变结构控制模型,根据 $f_s(t)$、$x_s(t)$ 值与模糊控制规则表建立模糊控制结构。其中,主手和从手设计了单自由度的控制器,主手、从手选择相同的结构模型,主手、从手位置选择 1:1 的对应关系,主手力 f_m 与从手受力 f_s 选择 1:1 的对应关系,位置、力跟踪关系均无比率调节。忽略了遥操作过程中系统网络通信的时延问题。

主手参数:$m_m = 10$ kg,$b_m = 420$ N·s/m,从手参数选择和主手一样的参数模型,即:$m_s = 10$ kg,$b_s = 420$ N·s/m。选择期望的阻抗参数,这里主手初始设置期望的阻抗参数为:$\bar{m}_m = 0.01$ kg,$\bar{b}_m = 20$ N·s/m,$\bar{k}_m = 0.2$ N/m;从手初始设置期望的阻抗参数为:$\bar{m}_s = 1$ kg,$\bar{b}_s = 20$ N·s/m,$\bar{k}_s = 2\ 000$ N/m。滑模变结构控制参数为:$\Delta = 40$,$\varepsilon = 20$,$k = 1$。选择仿真步长为 0.000 1 s,选择主手力 $f_m = 20$ N。从手与抓取物体距离 $x_e = 0.5$ cm。

具体的操作过程是:在主手端施加 20 N 的力 1 s 时间然后释放,再经过 1 s 时间,记录主手、从手上位置变化以及作用力的变化。为了验证模糊阻抗控制的效果,选择不同的抓取对象的刚度参数。即 $k_e = 200$ N/m 与 $k_e = 500$ N/m 两种抓取目标来试验。当从手抓取对象刚度系数为 $k_e = 200$ N/m 时,从手对主手的力跟踪曲线、位置跟踪曲线分别如图 2-5、图 2-6 所示。

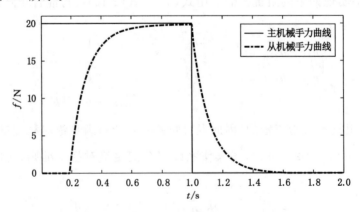

图 2-5 主、从机械手力曲线图($k_e = 200$ N/m)

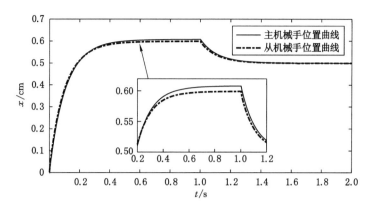

图 2-6 主、从机械手位置曲线图（$k_e = 200$ N/m）

当抓取对象刚度系数为 $k_e = 500$ N/m 时，从手对主手的力跟踪曲线、位置跟踪曲线分别如图 2-7、图 2-8 所示。

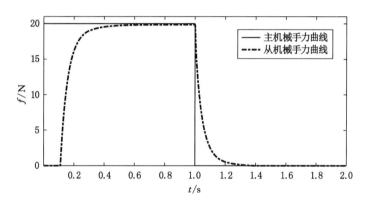

图 2-7 主、从机械手力曲线图（$k_e = 500$ N/m）

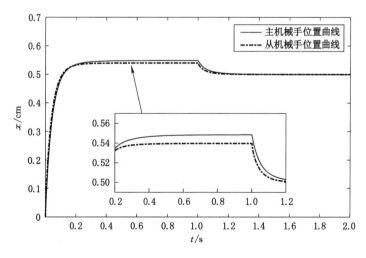

图 2-8 主、从机械手位置曲线图（$k_e = 500$ N/m）

由图 2-5、2-6 可知，在自由运动时，从手可保证对主手的位置跟踪。在从手运动 0.5 cm 时，约 0.05 s 时与抓取对象接触，抓取对象刚度参数 $k_e = 200$ N/m，从手上产生力的作用。从手依然能够继续保持对主手的位置跟踪，以致实现从手受力与主手受力的一致性。实现主手对从手受力与位置的信息一致。所以能够很好地保证主手感受环境的刚度。由图 2-5 可知，从手力对主手力的跟踪静态误差≤1%，无超调量。由图 2-6 可知，从手位置对主手位置的跟踪静态误差≤1%，无超调量。主手上力释放后，从手、主手最终静止在与环接临界处的 0.5 cm 处。

由图 2-7、2-8 可知，在抓取对象刚度系数 $k_e = 500$ N/m 时，从手依然能保证对主手力/位置跟踪。但是在 $k_e = 500$ N/m 条件下，从手的运动位置变化明显减小。主手上根据从手的力、位置改变量调整了自身的阻抗参数，完成了力/位置的跟踪。从手力对主手力的跟踪静态误差≤1%，无超调量。从手位置对主手位置的跟踪静态误差≤1%，无超调量。

由图 2-5 至图 2-8 仿真曲线可知，主手阻抗控制和从手滑模控制可以很好地完成从手对主手的力/位置的跟踪。但是固定的阻抗参数在环境刚度变化的条件下会使位置跟踪出现较大的静态误差，引起主手上的透明性变差。模糊自适应阻抗的引入可以很好地保证在变换环境刚度条件下主手对从手抓取物体的感觉，增加临场感。系统整体控制力/位置跟踪误差≤1%，无超调量，但是环境刚度系数小时会增加上升时间。滑模控制设计成指数型趋近律能保证在很短的时间内到达滑模面，准滑模控制提高了从手的抗干扰能力。

2.5.2　仿真比对

为了验证所设计控制器即主机械手模糊阻抗控制从机械手阻抗滑模控制器（IS Controller）的性能，进行了仿真比对。PD 控制（PD Controller）是机器人领域常用的控制方式，设计了主从机械手双 PD 控制结构，其中，主机械手基于主手力与从手力误差做 PD 计算实现力跟踪，从手基于主手位置与从手位置做 PD 计算作位置跟踪。针对单自由度遥操作系统，设计 PD 控制律为 $k_{mp} = 1$，$k_{md} = 10$，$k_{sp} = 1$，$k_{sd} = 10$。设计环境刚度系数 $k_e = 700$ N/m，在主机械手上施加 20 N 标准力信号，两种控制器的力跟踪与位移跟踪曲线如图 2-9、图 2-10 所示。

由图 2-9、图 2-10 可知，所提出的控制方法跟踪过程具有快速性及无静态误差的特点，避免了 PD 控制器出现环境力跟踪超调量及跟踪过程出现振荡的问题。

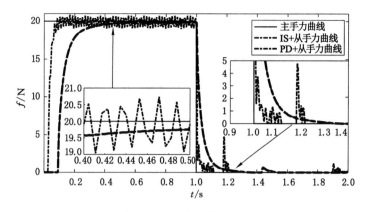

图 2-9 不同控制器力跟踪曲线图($k_e = 700$ N/m)

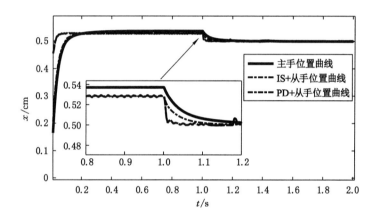

图 2-10 不同控制器位置跟踪曲线图($k_e = 700$ N/m)

2.6 本章小结

本章针对单自由度遥操作系统实现力位移协同一致性以及操作过程中的柔顺性能，提出了滑模阻抗双边控制策略。设计了二阶阻抗模型以及通过模糊调节器调整阻抗参数，实现了主手操作者施加力与位移之间的柔顺性以及调节位置的动、静态平稳性能。为了增加从机械手在运动过程中的抗干扰能力，设计了积分型准滑模控制器。所引入的饱和函数消除了滑模运动的抖振，通过设计指数型趋近律实现从手位置跟踪收敛的快速性。利用 Liewellyn 绝对稳定性准则分析了整个系统的稳定性条件，通过 Matlab/Simulink 平台仿真验证了主从机械手力位移跟踪一致同步性能。

　　仿真结果表明：从手在双边控制中具有很好的力/位置跟踪主手的能力，模糊自适应阻抗控制在可变环境刚度条件下提高了主手对环境的力觉感知能力，滑模控制保证了从手上的抗干扰能力，采用积分滑模变结构控制消除了切换模态的抖振问题。该控制系统具有自适应性、鲁棒性，并增加了主手的柔顺控制能力，具有良好的动态品质。

3 水下多自由度机械手不确定遥操作双边控制

3.1 引 言

具有力觉感知的主、从遥操作机械手系统融合了人的高级智能及机器人的可扩展性,克服了距离限制,提高了作业效率及控制性能。然而主、从机械手具有非线性特征、参数不确定性、摩擦问题,使得机器人数学模型无法真实获知[106],水下机械手受到水阻力及水密度影响对数学模型的建立带来干扰。距离原因使主、从手间数据通信带来时延问题,还存在机械手关节长度、质量不能够完全真实测量等问题。机器人是一个时变、强耦合的多输入多输出非线性系统,在实际应用中不可避免地存在不确定性。因此不确定遥操作控制在保证整体系统稳定性前提下,提高透明性及鲁棒性,将位置、力信号能够同步地在从机械手、主机械手上再次复现,依然是整体控制目标[107]。

为了解决遥操作控制中存在的模型不确定、外部干扰以及通信时延等问题,国内外很多学者提出了不同的控制方法[108]。Ziwei Wang 提出了一种自适应非奇异快速终端模式控制律实现遥操作系统时延下的稳定性和快速跟踪收敛性能[109]。文献[110]针对常数时延的遥操作系统,面向机器人的动力学参数的不确定性提出了基于无源性的自适应控制方法,确保自由空间上主从机器人位置速度同步。针对遥操作不同时延问题,Hosseini-Suny K 提出了前馈补偿器以及模型参考自适应控制器(Model reference a-daptive controller,MRAC)以及系统的无源性以及确保系统具有良好的稳定性和跟踪性[111]。Yana Yang 针对主从机器人存在输入饱和多状态约束表现为系统模型不确定性以及非对称试验问题,研究了双边同步控制问题,设计了一个辅助系统来处理输入饱和问题,采用模糊逻辑系统(Fuzzy Logic System,FLS)来逼近系统的不确定性,应用反演法设计了一种新的自适应模糊控制算法性能,实现系统跟踪快速性以及高精度力位移协同跟踪[112]。文献[113]针对网络化机器人系统的模型参数及运动参数不确定问题提出了无源性控制算法,并通过自适应控制实现了位置跟踪同步。

遥操作系统,通过操作者操作本地主机械手,远端从机械手跟踪本地主机械手运动,进而完成复杂或者危险环境下的作业任务。遥操作系统中,主手可以看作一个实现标准力信号再现以及给从手提供位置跟踪信号的力反馈装置,从手可以看作与操作对象接触、运动约束受限条件下的位置跟踪机器人。多自由度机械手遥操作系统中,存在着关节质量、长度无法精确测量带来机械手模型不确定问题。

本章针对主、从机械手存在关节摩擦以及关节长度、质量不可完全测量引起机械手模型不确定的问题,还包括从机械手存在水流引起的不确定干扰问题,提出了主机械手阻抗自适应控制,从手RBF神经网络自适应控制方法,实现了主从机械手的力-位置协同一致的目的。对主机械手模型参数与运动参数不确定性,设计了基于阻抗模型的参考自适应阻抗控制,利用自适应控制律补偿模型不确定性,实现主手上操作者施加力与从手和环境交互力信号的跟踪匹配。针对从手的不确定性,通过RBF神经网络逼近模型的不确定部分,并通过滑模变结构控制器与自适应控制器消除逼近误差,满足了从机械手对主机械手位置跟踪误差一致稳定有界。并通过李雅普诺夫稳定性判据证明了控制稳定性。

3.2　二自由度机械臂数学模型推导

一般机械臂可以实现三自由度空间运动,在本书中主要研究平面结构下的机械臂或机械手运动,考虑外部不确定因素以及本身关节摩擦条件下的遥操作力和位移遥操作跟踪问题,通过二维平面结构的研究就可以扩展到三维空间下的控制研究。为了方便下一步基于机械手数学模型的控制研究,给出二自由度机械臂或者机械手在自由运动条件下的数学模型推导过程[114]。

动力学是研究物体的运动和作用力之间的关系,同样的,机械臂的运动也是由力引起的,机械臂动力学研究的是机械臂在关节力矩作用下的动态响应。机械臂动力学的研究方法有,拉格朗日(Lagrange)方法、牛顿-欧拉(Newton-Euler)方法等。由于拉格朗日方法不仅能以最简单的形式求得非常复杂的系统动力学方程,而且具有显式结构,因此这里通过拉格朗日方法建立机器人动力学模型,并分析其动力学特性。二自由度机械臂模型如图3-1所示。参考机械臂数学模型推导方法,假设机械臂每个连杆质量都集中在连杆的末端,其质量分别为 m_1 和 m_2,两个连杆的长度分别为 l_1 和 l_2。

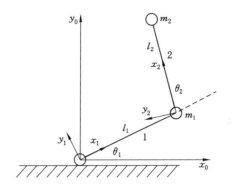

图 3-1 二自由度机械臂数学模型

连杆 1 的动能 K_1 和位能 P_1: $K_1 = \frac{1}{2} m_1 l_1^2 \dot{\theta}_1^2$, $P_1 = m_1 g l_1 \sin\theta_1$。连杆 2 的动能 K_2

和位能 P_2: $K_2 = \frac{1}{2} m_2 v_2^2$, $P_2 = mgy_2$。其中, $v_2^2 = \dot{x}_2^2 + \dot{y}_2^2$。$x_2$、$y_2$、$\dot{x}_2$、$\dot{y}_2$ 可以表示为:

$$\begin{cases} x_2 = l_1 \cos\theta_1 + l_2 \cos(\theta_1 + \theta_2) \\ y_2 = l_1 \sin\theta_1 + l_2 \sin(\theta_1 + \theta_2) \end{cases}$$

$$\begin{cases} \dot{x}_2 = -l_1 \dot{\theta}_1 \sin\theta_1 - l_2 (\dot{\theta}_1 + \dot{\theta}_2) \sin(\theta_1 + \theta_2) \\ \dot{y}_2 = l_1 \dot{\theta}_1 \cos\theta_1 + l_2 (\dot{\theta}_1 + \dot{\theta}_2) \cos(\theta_1 + \theta_1) \end{cases}$$

于是动能 K_2 和位能 P_2 计算则有:

$$\begin{cases} K_2 = \frac{1}{2} m_2 v_2^2 = \frac{1}{2} m_2 l_1^2 \dot{\theta}_1^2 + \frac{1}{2} m_2 l_2^2 (\dot{\theta}_1 + \dot{\theta}_2)^2 + m_2 l_1 l_2 (\dot{\theta}_1^2 + \dot{\theta}_1 \dot{\theta}_2) \\ P_2 = m_2 g y_2 = m_2 g (l_1 \sin\theta_1 + l_2 \sin(\theta_1 + \theta_2)) \end{cases} \tag{3-1}$$

平面二自由度机械臂系统的拉格朗日函数,即机械臂动能和势能的差值可以表示为:

$$\begin{aligned} L &= K - P = K_1 + K_2 - P_1 - P_2 \\ &= \frac{1}{2} (m_1 + m_2) l_1^2 \dot{\theta}_1^2 + \frac{1}{2} m_2 l_2^2 (\dot{\theta}_1 + \dot{\theta}_2)^2 + m_2 l_1 l_2 (\dot{\theta}_1^2 + \dot{\theta}_1 \dot{\theta}_2) \cos\theta_2 - \\ &\quad (m_1 + m_2) g l_1 \sin\theta_1 - m_2 g l_2 \sin(\theta_1 + \theta_2) \end{aligned} \tag{3-2}$$

根据系统动力学方程式,即拉格朗日方程: $\tau_i = \frac{d}{dt} \frac{\partial L}{\partial \dot{q}_i} - \frac{\partial L}{\partial q_i}$, $(i = 1, 2)$,其中, q_i 表

示动能和位能的坐标, $\dot{q}_i$ 表示相应的速度。而 τ_i 为作用在第 i 个坐标上的力或力矩。

因此,可对 L 求偏导数和导数得:

$$\frac{\partial L}{\partial \dot{\theta}_i} = (m_1 + m_2)l_1^2\dot{\theta}_1 + m_2l_2^2(\dot{\theta}_1 + \dot{\theta}_2) + m_2l_1l_2(2\dot{\theta}_1 + \dot{\theta}_2)\cos\theta_2 \qquad (3\text{-}3)$$

$$\frac{\mathrm{d}}{\mathrm{d}t}\frac{\partial L}{\partial \dot{\theta}_i} = (m_1 + m_2)l_1^2\ddot{\theta}_1 + m_2l_2^2(\ddot{\theta}_1 + \ddot{\theta}_2) + m_2l_1l_2(2\ddot{\theta}_1 + \ddot{\theta}_2)\cos\theta_2 -$$

$$m_2l_1l_2(2\dot{\theta}_1\dot{\theta}_2 + \dot{\theta}_2^2)sin\theta_2 \qquad (3\text{-}4)$$

$$\frac{\partial L}{\partial \theta_i} = -(m_1 + m_2)gl_1\cos\theta_1 - m_2gl_2\cos(\theta_1 + \theta_2) \qquad (3\text{-}5)$$

$$\frac{\partial L}{\partial \dot{\theta}_2} = m_2l_2^2(\dot{\theta}_1 + \dot{\theta}_2) + m_2l_1l_2\dot{\theta}_1\cos\theta_2 \qquad (3\text{-}6)$$

$$\frac{\mathrm{d}}{\mathrm{d}t}\frac{\partial L}{\partial \dot{\theta}_2} = m_2l_2^2(\ddot{\theta}_1 + \ddot{\theta}_2) + m_2l_1l_2\ddot{\theta}_1\cos\theta_2 - m_2l_1l_2\dot{\theta}_1\dot{\theta}_2\sin\theta_2 \qquad (3\text{-}7)$$

$$\frac{\partial L}{\partial \theta_2} = -m_2l_1l_2(\dot{\theta}_1^2 + \dot{\theta}_1\dot{\theta}_2)\sin\theta_2 - m_2gl_2\cos(\theta_1 + \theta_2) \qquad (3\text{-}8)$$

最后可得各关节的力矩：

$$\tau_1 = m_2l_2^2(\ddot{\theta}_1 + \ddot{\theta}_2) + m_2l_1l_2\cos\theta_2(2\ddot{\theta}_1 + \ddot{\theta}_2) + (m_1 + m_2)l_1^2\ddot{\theta}_1 - m_2l_1l_2\sin\theta_2\dot{\theta}_2^2 -$$

$$2m_2l_1l_2\sin\theta_2\dot{\theta}_1\dot{\theta}_2 + m_2l_2g\cos(\theta_1 + \theta_2) + (m_1 + m_2)l_1g\cos\theta_1$$

$$\tau_2 = m_2l_1l_2\cos\theta_2\ddot{\theta}_1 + m_2l_1l_2\sin\theta_2\dot{\theta}_1^2 + m_2l_2g\cos(\theta_1 + \theta_2) + m_2l_2^2(\ddot{\theta}_1 + \ddot{\theta}_2) \qquad (3\text{-}9)$$

将关节向量写为 $q = [\theta_1 \quad \theta_2]^\mathrm{T}$，各关节的力矩矩阵可以写为：

$$\tau = \begin{bmatrix} \tau_1 \\ \tau_2 \end{bmatrix} = M(q)\ddot{q} + C(q, \dot{q})\dot{q} + g(q)$$

其中 $M(q)$、$C(q, \dot{q})$、$g(q)$ 分别为机械手的惯性量、离心力与哥氏力的和、重力项矩阵。可以分别表示为：

$$M(q) = \begin{bmatrix} m_1l_1^2 + m_2(l_1^2 + l_2^2 + 2l_1l_2\cos\theta_2) & m_2(l_2^2 + l_1l_2\cos\theta_2) \\ m_2(l_2^2 + l_1l_2\cos\theta_2) & m_2l_2^2 \end{bmatrix} \qquad (3\text{-}10)$$

$$C(q, \dot{q}) = \begin{bmatrix} -m_2l_1l_2\cos(\theta_2)\dot{\theta}_2 & -m_2l_1l_2\sin(\theta_2)(\dot{\theta}_1 + \dot{\theta}_2) \\ m_2l_1l_2\sin(\theta_2)\dot{\theta}_2 & 0 \end{bmatrix} \qquad (3\text{-}11)$$

$$g(q) = \begin{bmatrix} m_2l_2g\cos(\theta_1 + \theta_2) + (m_1 + m_2)l_1g\cos\theta_1 \\ m_2l_2g\cos(\theta_1 + \theta_2) \end{bmatrix} \qquad (3\text{-}12)$$

以上推导是假设机械臂在操作空间自由运动，不与外部环境交互产生作用力。然而，机械臂与外部环境接触会产生接触力 F_e，为了保证机械臂的力矩平衡，此时相当于跟机械臂各个关节施加一个驱动力力矩 $\tau_e = J^T F_e$。J 称为机械臂雅克比矩阵,二自由度空间下的雅克比矩阵可以表示为:

$$J = \begin{bmatrix} -l_1 \sin(\theta_1) - l_2 \sin(\theta_1 + \theta_2) & -l_2 \sin(\theta_1 + \theta_2) \\ l_1 \cos(\theta_1) + l_2 \cos(\theta_1 + \theta_2) & l_2 \cos(\theta_1 + \theta_2) \end{bmatrix} \tag{3-13}$$

在力域空间,可通过机械臂雅克比矩阵 J 将操作空间作用力映射为等效关节力矩。此时机械臂动力学方程可以写为:

$$M(q)\ddot{q} + C(q, \dot{q})\dot{q} + g(q) = \tau - J^T F_e \tag{3-14}$$

由于机械手每一根手指都可以看作一个小型的多关节机械臂,所以机械手动力学模型和机械臂动力学模型具有一致性。

3.3　数学模型及基本属性

主从机械手非线性动力学模型可描述为:

$$\begin{cases} M_m(q_m)\ddot{q}_m + C_m(q_m, \dot{q}_m)\dot{q}_m + g_m(q_m) + F_m(\dot{q}_m) = \tau_m - J_m^T(q_m)F_h \\ M_s(q_s)\ddot{q}_s + C_s(q_s, \dot{q}_s)\dot{q}_s + g_s(q_s) + F_s(\dot{q}_s) + d_s = \tau_s - J_s^T(q_s)F_e \end{cases} \tag{3-15}$$

其中,$M_i(q_i)$、$C_i(q_i, \dot{q}_i)$、$g_i(q_i)$、$F_i(\dot{q}_i)$、$J_i^T(q_i)(i = m、s)$ 分别为机械手的惯性量、离心力与哥氏力的和、重力项、摩擦力矩以及雅克比矩阵;d_s 为从机械手干扰转矩。设主、从机械手的干扰 $F_i(\dot{q}_i)$ 主要来自内部关节摩擦,可表示为:$F_i(\dot{q}_i) = D_i \dot{q}_i + N_i \text{sign}(\dot{q}_i)$,$D_i$ 和 N_i 分别表示黏滞系数和库伦摩擦系数;τ_m、τ_s 为控制输入转矩,即给机械手关节转动的驱动力;F_h 为操作者施加力;F_e 是水下机械手与环境的接触力;q_i、$\dot{q}_i$、$\ddot{q}_i(i = m、s)$ 分别相应机械手的位置、速度和加速度。具有旋转关节机械手动力学具有以下属性[115]:

属性 3-1:机械手惯性矩阵正定,且有上下界。

属性 3-2:$M_i(q_i) - 2C_i(q_i, \dot{q}_i)$ 是斜对称矩阵。

属性 3-3:机械手动力学模型根据未知参数不同,可以线性化表示为:

$$M_i(q_i)\varphi_1 + C_i(q_i, \dot{q}_i)\varphi_2 + g_i(q_i) + F_i = Y(\varphi_1, \varphi_2, q_i, \dot{q}_i)\theta_i \tag{3-16}$$

式中,$i = m、s$ 表示主、从机械手标识;φ_1、φ_2 为任意已知向量;回归矩阵 $Y(\varphi_1, \varphi_2, q_i, \dot{q}_i)$ 是包含关节空间信息的参数已知的矩阵函数;θ_i 包含机械手数学模型未知参数项。主从手操作空间与关节空间的换算有:

$$\begin{cases} \dot{x} = J(q)\dot{q} \\ \ddot{x} = \dot{J}(q)\dot{q} + J(q)\ddot{q} \end{cases} \tag{3-17}$$

设 x 为机械手笛卡儿坐标系下位置,设 x 与 q 同维,即设机械手为非冗余,$J(q)$ 为非奇异矩阵。将(3-17)式代入(3-15)式,可得机械手关于笛卡儿坐标系的动力学方程:

$$M_x(q)\ddot{x} + C_x(q,\dot{q})\dot{x} + g_x(q) + F_x(\dot{q}) = \tau_x - F_h \tag{3-18}$$

由式(3-15)与式(3-17)可得:

$$\begin{cases} M_x(q) = J^{-T}M_qJ^{-1}, C_x(q_i,\dot{q}_i) = J^{-T}(C_q(q_i,\dot{q}_i) - M_qJ^{-1}\dot{J})J^{-1} \\ g_x(q_i) = J^{-T}g(q_i), \tau_x = J^{-T}\tau, F_x = J^{-T}F_e \\ F_x(q_i,\dot{q}_i) = J^{-T}F_i(\dot{q}_i) \end{cases} \tag{3-19}$$

从机械手跟踪主机械手运动,可以分为自由空间运动以及与环境接触受限运动。只考虑运动位置对 F_e 的影响,从机械手在与环境接触时,环境受力可以看成无源的线性弹簧,接触力 F_e 可以表示为:

$$F_e = \begin{cases} k_e(x_s - x_e) & x_s \geqslant x_e \\ 0 & x_s < x_e \end{cases} \tag{3-20}$$

x_e 表示从机械手与接触环境的位置,k_e 表示抓取目标的刚度系数。当 $x_s < x_e$ 时,主手、从手的运动处于自由空间状态;当 $x_s \geqslant x_e$ 时可以看成从机械手与环境接触,产生触觉力。

3.4 整体控制策略

由于水下环境复杂,水下机械手依然以结构简单的夹钳式结构或者平移式单自由度夹持工件为主,常以平面二连杆旋转机器人作为遥操作机械手对象,设主、从机械手有相同的模型。遥操作机械手整体示意图如图 3-2 所示,操作者在主手上施加作用力,主手根据施加的力产生运动,主手控制器将主手位置通过通信网络传送给从手,从手控制器获取主手位置信息作为从手位置跟踪目标,从手完成位置跟踪并将从手与外部环境力传送给主手,主手上实现操作者施加力与从手作用力的一致匹配,满足主从机械手上力、位置的一致性,实现操作者真实感知从手触觉力的目的。

针对机械手动力学模型参数不确定及外界干扰问题,分别设计针对主手力跟踪的自适应阻抗控制与针对从机械手位置跟踪的自适应滑模神经网络控制,实现模型不精确及外部干扰条件下的力、位移跟踪。

3.4.1 主手自适应力跟踪控制

阻抗控制通过调节由用户设定的目标阻抗模型,使机械手终端达到柔顺性运动的

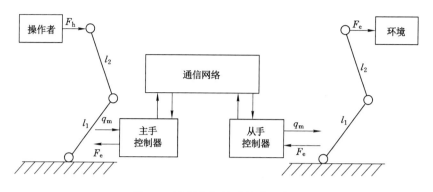

图 3-2　遥操作机械手整体示意图

目的,将阻抗控制加入自适应特征,使在外界不确定条件下主机械手触觉力跟踪从手触觉力信号具有鲁棒性能。操作者施加的主手作用力、从手触觉力、末端速度、加速度之间可以建立一个二阶数学模型,这个控制模型称为目标阻抗模型。为了实现操作者施加力对环境接触力的跟踪,采用的阻抗控制模型为:

$$M_{\mathrm{d}}\ddot{x}_{\mathrm{mr}} + B_{\mathrm{d}}\dot{x}_{\mathrm{mr}} = F_{\mathrm{h}} - F_{\mathrm{e}} \tag{3-21}$$

式中,矩阵 M_{d}、B_{d} 为目标阻抗参数,分别是机械手期望的惯性、阻尼矩阵;F_{e} 是从手与环境接触力;F_{h} 是操作者在主机械手上施加力;x_{mr} 为笛卡儿坐标系下目标阻抗模型的输出参考位置。在目标阻抗二阶模型中,通过操作者施加力与环境力之间的差值获取参考位置 x_{mr} 作为主机械手位置跟踪目标,通过调整机械手位置实现抓取力与环境力之间的匹配。当系统处于稳态时,$F_{\mathrm{h}} = F_{\mathrm{e}}$,此时 $\dot{x}_{\mathrm{mr}}$、$\ddot{x}_{\mathrm{mr}}$ 为零,满足阻抗关系式(3-21)平衡。主手模型参考自适应阻抗控制结构图如图 3-3 所示。

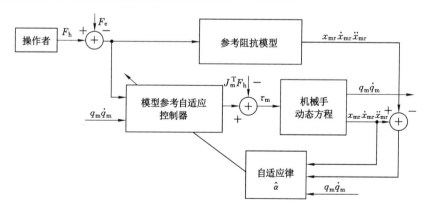

图 3-3　主手模型参考自适应阻抗控制结构图

由于主机械手动态方程是一个非线性二阶系统,设计滑模面为:

$$s_{\mathrm{m}} = \dot{\tilde{x}}_{\mathrm{m}} + \lambda_1 \tilde{x}_{\mathrm{m}} \tag{3-22}$$

式中,λ_1 为正定矩阵;定义 $\tilde{x}_m = x_m - x_{mr}$,$\tilde{x}_m$ 为机械手末端位置 x_m 与阻抗模型位置响应 x_{mr} 的差,x_m、x_{mr} 均为 1×2 维矩阵。参考速度向量定义为:

$$\dot{x}_r = \dot{x}_m - \lambda_1 \tilde{x}_m \tag{3-23}$$

由式(3-22)、式(3-23)可得:$s_m = \dot{x}_m - \dot{x}_r$。在笛卡儿坐标系下,设计主机械手的控制律为:

$$\tau_m = J_m^T [\hat{M}_x(q_m)(\ddot{x}_r - \lambda_1 s_m) + C_x(q_m, \dot{q}_m)\dot{x}_r + \hat{g}_x(q_m) + \hat{F}_x(q_m, \dot{q}_m) - F_h] \tag{3-24}$$

由于无法获取主机械手的真实模型参数,$\hat{M}_x$、$\hat{C}_x$、$\hat{g}_x$、$\hat{F}_x$ 分别为机器人参数的相应估计值。设计角度关节下的控制律,则式(3-24)在关节坐标系下的控制律为:

$$\tau_m = \hat{M}_m(q_m)J_m^{-1}(\ddot{x}_r - \lambda_1 s_m) + (\hat{C}_m(q_m, \dot{q}_m) - \hat{M}_m(q_m)J_m^{-1}\dot{J}_m)J_m^{-1}\dot{x}_r +$$
$$\hat{g}_m(q_m) + \hat{F}_m(\dot{q}_m) - J_m^T F_h \tag{3-25}$$

式(3-25)可以表示为:

$$\tau_m = \hat{M}_m(q_m)\eta_1 + \hat{C}_m(q_m, \dot{q}_m)\eta_2 + \hat{g}_m(q_m) + \hat{F}_m(\dot{q}_m) - J_m^T F_h \tag{3-26}$$

机械手运动关节角度、长度已知,即雅克比矩阵 J_m^T 为已知量。式(3-12)中 η_1、η_2 为已知向量,其表示如下:

$$\begin{cases} \eta_1 = J_m^{-1}(\ddot{x}_r - \lambda_1 s_m - \dot{J}_m J_m^{-1}\dot{x}_r) \\ \eta_2 = J_m^{-1}\dot{x}_r \end{cases} \tag{3-27}$$

参考机器人属性 3-3,控制律式(3-26)可以表示为:

$$\tau_m = Y_m(\eta_1, \eta_2, q_m, \dot{q}_m)\hat{\alpha}_m - J_m^T F_h \tag{3-28}$$

式中,Y_m 为机器人方程线性化推导的回归矩阵;$\hat{\alpha}_m$ 为不确定参数的估计值,设计自适应律为:

$$\dot{\hat{\alpha}}_m = -PY_m^T(\eta_1, \eta_2, q_m, \dot{q}_m)J_m^{-1}s_m \tag{3-29}$$

式中,P 为正定对角矩阵。将控制律式(3-25)代入机器人动力学模型(3-15)主机械手模型中,并根据机器人模型属性 3-3,利用自适应控制律的闭环控制系统可以表示为:

$$M_x(q_m)\dot{s}_m = -\lambda_1 M_x(q_m)s_m - C_x(q_m, \dot{q}_m)s_m + J_m^{-T}Y_m^T\tilde{\alpha}_m \tag{3-30}$$

式中,$\tilde{\alpha}_m = \hat{\alpha}_m - \alpha_m$,表示不确定项估计值与真实值之间的误差。主机械手可以看作一个力反馈装置,在自适应控制器中应保证主机械手的稳定。为了证明主机械手的稳定性以及力跟踪误差趋于零,设计李雅普诺夫函数 V_1 为:

$$V_1 = \frac{1}{2}(s_m^T M_m s_m + \tilde{\alpha}_m^T P^{-1}\tilde{\alpha}_m) \tag{3-31}$$

对设计的李雅普诺夫函数 V_1 求导可得:

$$\dot{V}_1 = -\lambda_1 s_m^T M_m s_m + \frac{1}{2} s_m^T (\dot{M}_m - 2C_m) s_m + s_m^T J_e^{-1} Y_m (\eta_1, \eta_2, q_m, \dot{q}_m) \tilde{\alpha}_m + \dot{\hat{\alpha}}_m^T P^{-1} \tilde{\alpha}_m$$

$$= -\lambda_1 s_m^T M_m s_m < 0 \tag{3-32}$$

由于 M_m、P^{-1} 为正定矩阵,故 $V_1 > 0$,将自适应律代入 $\dot{V}_1$,由式(3-32)知 $\dot{V}_1 < 0$。由李雅普稳定性定理可知,控制器保证了全局稳定性以及 $t \to \infty$ 时,$s_m \to 0$,从而实现 $\tilde{x}_m \to 0$,故使主机械手在目标阻抗模型条件下位置跟踪误差趋于 0。

3.4.2 从手自适应位置跟踪控制

忽略主从机械手控制器通信时延对系统影响,从手相当于跟踪位置标准信号的位置跟踪,并将从手与环境交互的力作用信号传输给主手作力跟踪。针对从手的外部不确定条件下的外置跟踪,设计自适应从手控制器,包括 RBF 神经网络补偿器、滑模控制与自适应控制律。其中利用 RBF 神经网络在线学习算法具有较强的自学习和自组织能力,可以有效学习外界复杂环境干扰,准确逼近复杂模型并降低干扰对水下机械手系统的运动影响。

控制目标是当 $t \to \infty$ 时,通过自适应控制器实现从手初始位置状态在自由空间任意位置实现 $q_m(t) - q_s(t) \to 0$ 的目的。设从机械手触觉力可测,利用计算转矩法设计控制器,定义从机械手跟踪主手位置误差为:$e_s = q_s(t) - q_m(t)$;$\dot{q}_r(t) = \dot{q}_m(t) - \lambda_2 e_s$,其中 q_r 为跟踪辅助变量,λ_2 为正的常数矩阵。定义滑模变量为:

$$s_s = \dot{q}_s - \dot{q}_r = \dot{e}_s + \lambda_2 e_s \tag{3-33}$$

由式(3-15)式(3-33),可以得到:

$$M_s(q_s) \dot{s}_s = -C_s(q_s, \dot{q}_s) s_s + f(x) - d_s + \tau_s - J_s^T(q_s) F_e \tag{3-34}$$

式中,$f(x) = -M_s(q_s) \ddot{q}_r - C_s(q_s, \dot{q}_s) \dot{q}_r - g(q_s) - F_s(\dot{q}_s)$;$x = [\ddot{q}_m^T, \dot{q}_m^T, q_m^T, \dot{q}_s^T, q_s^T]^T$。利用 RBF 神经网络逼近 $f(x)$ 的精确函数,根据 RBF 神经网络特征[116],$f(x)$ 可表示为:$f(x) = W^T \varphi(x) + \varepsilon^*$,$W$ 为神经网络权值矩阵,$\varphi(x)$ 为基函数,ε^* 为准确模型的逼近误差。$f(x)$ 的估计值可以表示为 $\hat{f}(x) = \hat{W}^T \varphi(x)$。式(3-34)可以写成:

$$M_s(q_s) \dot{s}_s = -C_s(q_s, \dot{q}_s) s_s + \tilde{W}^T \varphi(x) + \hat{W}^T \varphi(x) + \varepsilon^* - d_s + \tau_s - J_s^T(q_s) F_e \tag{3-35}$$

式中,$\tilde{W} = W - \hat{W}$,表示权值误差。根据式(3-35),设计从机械手控制律为:$\tau_s = u_s + u_{nn} + u_a + J_s^T(q_s) F_e$。其中,$J_s^T(q_s) F_e$ 为从手与环境接触作用力再从机械手上施加的转矩;u_s 为滑模变结构控制规律,取 $u_s = -k_1 s_s - k_2 \text{sign}(s_s)$;$k_1$、$k_2$ 为正常数;u_{nn} 为神经

网络控制规律，取 $u_{nn} = -\hat{W}^T\varphi(x)$，其中 $\hat{W}$ 的自适应律为：$\dot{\hat{W}} = -\dot{\tilde{W}} = F\varphi(x)s_s^T$，$F$ 为正定对角矩阵；u_a 为鲁棒自适应控制律，用于克服神经网络逼近误差和系统不确定性，提高鲁棒性能。取 $u_a = -\dfrac{s_s}{\|s_s\| + e^{-2t}}\eta$，且自适应律为：$\dot{\eta} = \dfrac{\|s_s\|^2}{\|s_s\| + e^{-2t}}$，其中 $\|\cdot\|$ 表示欧几里得(Euclidean)范数。整体控制如图 3-4 所示。

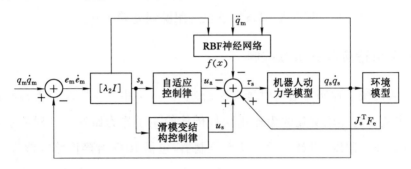

图 3-4　从机械手控制结构图

将控制律 τ_s 代入从机械手方程，可得闭环方程如式(3-36)所示。

$$M_s(q_s)\dot{s}_s = -C_s(q_s, \dot{q}_s)s_s - k_1 s_s - k_2 s_s \mathrm{sign}(s_s) + \tilde{W}^T\varphi(x) -$$

$$\frac{s}{\|s_s\| + e^{-2t}}\eta + \varepsilon^* - d_s \tag{3-36}$$

由控制律可得从机械手在约束空间下的位置跟踪，由自适应控制器控制约束空间下的从机械手，则整体跟踪误差 e_s 与 $\dot{e}_s$ 则趋于 0。利用李雅普诺夫稳定性判据证明从手在自适应控制律条件下跟踪主机械手角关节位置稳定性。由于主从水下遥操作系统是针对水下抓取的遥操作控制。设李雅普诺夫函数 V_2 表示为：

$$V_2 = \frac{1}{2}(s_s^T M_s s_s + tr(\tilde{W}^T F^{-1}\tilde{W}) + (\eta - \eta_0)^2) \tag{3-37}$$

式中，η_0 是 $\|\varepsilon^* - d_s\|$ 的上界，由李雅普诺夫函数，对 V_2 求导可得：

$$\dot{V}_2 = \frac{1}{2}s_s^T\dot{M}_s s_s + s_s^T M_s \dot{s}_s + tr(\tilde{W}^T F^{-1}\dot{\tilde{W}}) + (\eta - \eta_0)\dot{\eta}$$

$$= \frac{1}{2}s_s^T(\dot{M}_s - 2C_s)s_s - k_1 s_s^T s_s - k_2 s_s^T\mathrm{sign}(s_s) + s_s^T\tilde{W}^T\varphi(x) + s_s^T(\varepsilon^* - d_s) -$$

$$\frac{\|s_s\|^2}{\|s_s\| + e^{-2t}}\eta + tr(\tilde{W}^T F^{-1}\dot{\tilde{W}}) + (\eta - \eta_0)\dot{\eta}$$

$$\leqslant \frac{1}{2}s_s^T(\dot{M}_s - 2C_s)s_s - k_1 s_s^T s_s - k_2 s_s^T\mathrm{sign}(s_s) + \|s_s\|\eta_0 +$$

$$tr\{\tilde{W}^{\mathrm{T}}(F^{-1}\dot{\tilde{W}}+\varphi(x)s_s^{\mathrm{T}})\}+(\eta-\eta_0)(\dot{\eta}-\frac{\parallel s_s\parallel^2}{\parallel s_s\parallel+\mathrm{e}^{-2t}})-\frac{\parallel s_s\parallel^2}{\parallel s_s\parallel+\mathrm{e}^{-2t}}\eta_0 \tag{3-38}$$

式(3-38)由机器人属性 3-2,及 η、$\tilde{W}$ 的自适应律可得:

$$\dot{V}_2\leqslant-k_1s_s^{\mathrm{T}}s_s-k_2s_s^{\mathrm{T}}\mathrm{sign}(s_s)+\parallel s_s\parallel\eta_0-\frac{\parallel s_s\parallel^2}{\parallel s_s\parallel+\mathrm{e}^{-2t}}\eta_0$$

$$=-k_1s_s^{\mathrm{T}}s_s-k_2s_s^{\mathrm{T}}\mathrm{sign}(s_s)+\frac{\parallel s_s\parallel\eta_0\mathrm{e}^{-2t}}{\parallel s_s\parallel+\mathrm{e}^{-2t}}$$

$$\leqslant-k_1s_s^{\mathrm{T}}s_s+\mathrm{e}^{-2t}\eta_0 \tag{3-39}$$

由公式(3-39),两边由 0 至 T 时刻积分,可得:

$$V_2(\mathrm{T})-V_2(0)\leqslant-\int_0^{\mathrm{T}}k_1s_s^{\mathrm{T}}s_s\mathrm{d}t+\eta_0\int_0^{\mathrm{T}}\mathrm{e}^{-2t}\mathrm{d}t \tag{3-40}$$

式(3-40)可化为:

$$\int_0^{\mathrm{T}}k_1s_s^{\mathrm{T}}s_s\mathrm{d}t+V_2(\mathrm{T})\leqslant V_2(0)+\eta_0\int_0^{\mathrm{T}}\mathrm{e}^{-2t}\mathrm{d}t \tag{3-41}$$

由于 $V_2(\mathrm{T})>0$,$\int_0^{\mathrm{T}}\mathrm{e}^{-2t}\mathrm{d}t<\infty$,则有:

$$\lim_{\mathrm{T}\to\infty}(\sup\frac{1}{T}\int_0^{\mathrm{T}}\parallel s_s\parallel^2\mathrm{d}t)\leqslant\frac{1}{k_1}(V_2(0)+\eta_0\int_0^{\mathrm{T}}e^{-2t}\mathrm{d}t)\lim_{\mathrm{T}\to\infty}\frac{1}{T}=0 \tag{3-42}$$

由式(3-42)可知,$t\to\infty$ 时,$s_s\to0$,位置跟踪误差 e_s 即误差变化率 $\dot{e}_s$ 趋于 0。从手控制器根据参数不确定性、外部干扰引起的跟踪误差通过 RBF 神经网络得到了补偿,并且通过滑模控制与自适应律使控制器具有鲁棒性特征。

3.5 仿真与验证

3.5.1 仿真验证

根据主、从机械手的系统模型以及控制要求,在 Matlab/Simulink 下作仿真试验。不考虑机械手运动学参数不确定性,只考虑机械手动力学模型不确定及外部干扰问题,不考虑水下机械手中运载体对姿态影响,设主从机械手在竖直平面运动。使用参考文献[117]的数学模型,阻抗模型参数:$M_d=\mathrm{diag}(1,1)$,$B_d=\mathrm{diag}(10,10)$,$\lambda_1=\mathrm{diag}(30,30)$,$P=\mathrm{diag}(1,1,1)$;主机械手质量 $m_1=0.1\ \mathrm{kg}$,$m_2=0.1\ \mathrm{kg}$,$l_1=0.1\ \mathrm{m}$,$l_2=0.1\ \mathrm{m}$。主机械手初始位置:$q_1=60°$,$q_2=60°$,每个关节初始角速度设定为 $0°/\mathrm{s}$。

在 RBF 神经网络参数中,高斯基函数中心 $c=[-3 \quad -2 \quad -1 \quad 0 \quad 1 \quad 2 \quad 3]$,宽度 $b=3$,滑模系数 $\lambda_2=\mathrm{diag}(0.5,0.5)$。控制器输入增益 $k_1=20$, $k_2=30$,从机械手质量 $m_1=0.1\ \mathrm{kg}$, $m_2=0.1\ \mathrm{kg}$, $l_1=0.1\ \mathrm{m}$, $l_2=0.1\ \mathrm{m}$。从机械手初始位置: $q_1=60°$, $q_2=60°$,每个关节初始角速度设定为 $0°/\mathrm{s}$。

设环境刚度系数为: $k_e=\mathrm{diag}(100,100)$,从机械手在 $x_e=0.1\ m$ 处与抓取目标接触。设主、从机械手内部干扰: $F_m(\dot{q}_m)=F_s(\dot{q}_s)=[D_i\dot{q}_i+N_i\mathrm{sign}(\dot{q}_i);D_i\dot{q}_i+N_i\mathrm{sign}(\dot{q}_i)]$ 中,相关参数为: $D_i=\mathrm{diag}(20,20)$, $N_i=\mathrm{diag}(10,10)$。将主机械手不确定干扰、从机械手水下洋流干扰分别等同于一个不确定干扰项,外部干扰项设定为随机干扰,分别为: $d_m=d_s=[2(\mathrm{rand}-0.5);2(\mathrm{rand}-0.5)]$。rand 表示生成区间 $[0 \quad 1]$ 之间的随机数。

仿真时间设为 $30\ \mathrm{s}$,前 $10\ \mathrm{s}$ 在主机械手上施加 $10\ \mathrm{N}$ 的作用力,然后将作用力设为 0。即在机械手上施加 $10\ \mathrm{N}$ 作用力持续 $10\ \mathrm{s}$,然后不再施加力,持续 $20\ \mathrm{s}$,观察机械手的力-位移跟踪状态。主从机械手力、位移跟踪曲线以及自适应律曲线分别如图 3-5～图 3-9 所示,主、从机械手干扰转矩如图 3-10 所示。

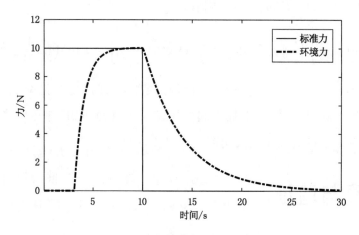

图 3-5　遥操作机械手力跟踪曲线图

由图 3-5～3-7 可知,在自由空间运动以及与环境触碰后的运动过程中,从机械手能够保证对主机械手的位置跟踪,主手力满足对从手力的跟踪。主机械手目标阻抗模型实现参考位置 x_{mr} 输出,通过设计的自适应控制器主机械手位置与参考位置跟踪误差很快趋于零,同时从机械手能够实现对主机械手的位置跟踪。从手初始位于自由位置,在从机械手运动到 $0.1\ \mathrm{m}$ 时,约 $3\ \mathrm{s}$ 与抓取对象触碰产生触觉力信号。主从机械手自适应律克服了对应的随机干扰,从手依然实现对主机械手的位置跟踪,跟踪位置的同时实

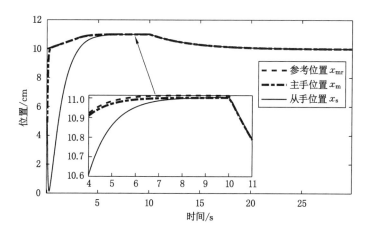

图 3-6　遥操作参考位置、主手、从手位置跟踪曲线图

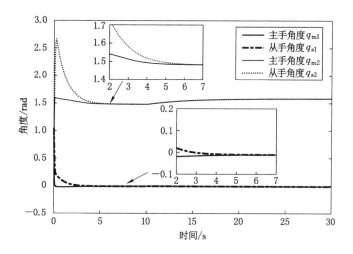

图 3-7　遥操作主、从机械手角度跟踪曲线图

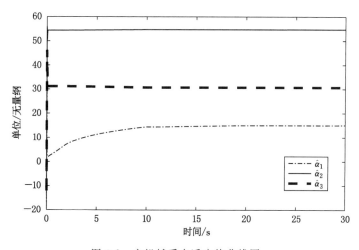

图 3-8　主机械手自适应律曲线图

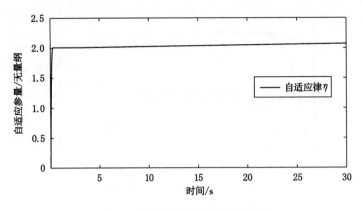

图 3-9　从机械手自适应律曲线图

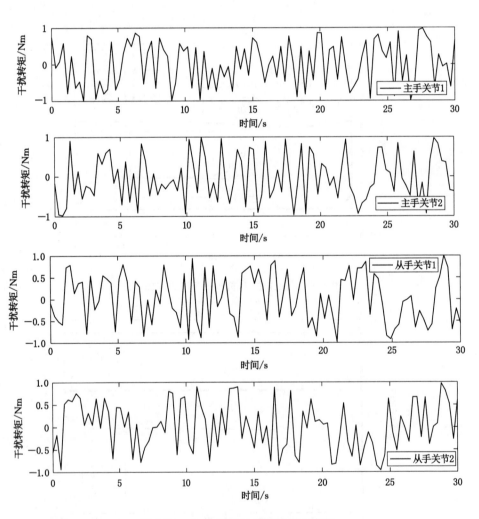

图 3-10　主、从机械手干扰转矩曲线图

现对主手的位置跟踪,满足主手、从手上的力信息协调一致相等。从而实现了在主手和从手上的位置、力信息的完全一致相等。从手力对主手力的跟踪静态误差≤1％,无超调量。

由图 3-5～3-7 可知,从手位置对主手位置的跟踪静态误差≤1％,整体跟踪无超调量。主手上力释放后,从手、主手最终静止在与环境临界接触的 0.1 m 处位置,从手依然能保证位置跟踪,主手实现力跟踪。由图 3-8～3-9 可知,主从机械手自适应律输出参数有界,不需要设定初始估计值,保证了估计值有效性能,实现了系统控制稳定。

由图 3-5～3-8 可知,在系统模型不确定以及外部干扰条件下,整体系统仍然保证从手对主手的力跟踪以及从手对主手的位置跟踪。主手自适应控制以及从手 RBF 神经网络实现了对外部干扰以及自身模型不定性的补偿。

3.5.2 仿真比对

为了验证所设计控制器即主机械手阻抗自适应控制从机械手 RBF 神经网络自适应控制(IN Controller)的性能,笔者进行了仿真比对。PD 控制(PD Controller)是机器人领域常用的控制方式,设计了主从机械手双 PD 控制结构,其中主机械手基于主手力与从手力误差做 PD 计算实现力跟踪,从手基于主手位置与从手位置做 PD 计算作位置跟踪。针对单自由度遥操作系统,设计 PD 控制律为中主机械手 PD 系数为:$k_{mp} =$ [1 0; 0 1],$k_{md} =$ [10 0; 0 10];从机械手系数为:$k_{sp} =$ [1 0; 0 1],$k_{sd} =$ [10 0; 0 10]。设计环境刚度系数 $k_e =$ diag(100,100)N/m,在主机械手上施加 10 N 标准力信号,两种控制器的力跟踪与位移跟踪曲线如图 3-11、图 3-12 所示。

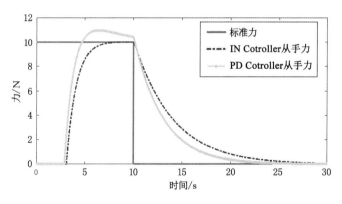

图 3-11　不同控制器条件下力跟踪曲线图

由图 3-11、3-12 可知,所提出的控制方法跟踪过程具有快速性及无静态误差的特点,避免了 PD 控制器出现环境力跟踪超调量的问题。

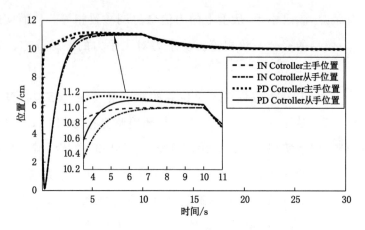

图 3-12　不同控制器条件下主从手位置曲线图

3.6　本章小结

针对多自由度机械手遥操作系统中存在主从机械手关节质量、长度无法精确测量以及关节摩擦带来机械手模型不确定问题,从机械手存在不确定干扰问题提出了自适应双边控制策略。针对主机械手模型参数不确定性设计了模型参考自适应控制,利用自适应控制律补偿模型不确定性,实现主手上操作者施加力对从手和环境交互力信号的跟踪匹配。针对从机械手模型参数的不确定性设计了基于滑模变量的径向基函数(RBF)神经网络控制器,通过 RBF 神经网络逼近模型的不确定部分,通过滑模变量自适应控制器消除逼近误差,满足了从机械手对主机械手位置跟踪误差一致稳定有界。

利用李雅普诺夫稳定性判据证明了跟踪性能与全局稳定性,保证遥操作过程控制力-位置跟踪的渐进收敛能力。结果表明:整体控制在内部干扰不确定及外部干扰条件下具有很好的力-位置跟踪能力,整体系统具有稳定性和自适应性。在 Matlab/Simulink 实现力位移跟踪仿真验证。

4　水下机械手遥操作自适应阻抗神经网络控制

4.1　引　　言

水下机械手遥操作系统中,主、从手质量、位置无法真实精确测量并且存在关节摩擦问题,水下机械手受到水阻力及水密度影响对数学模型带来干扰,所引起的参数不确定性对控制律设计实现主从手力-位置跟踪带来困难。很多学者针对遥操作过程不确定问题已经提出了不同的控制方法来提高遥操作系统的稳定性和透明性[118],如利用无源性理论以及分散方法保证了遥操作系统的稳定性受到通信时延的影响[119]。为了保证无源性以及速度跟踪,文章[120]提出了波变换方法使主、从机械手通信传输波变量避免了能量函数受到时延的影响。一种类比例-积分(PD)控制器应用在变时延遥操作系统实现了力、位移的主从机械手协同一致性能[121,122]。文献[123]提出了在非线性遥操作系统中基于四通道控制结构控制律实现主从机械手力、位置跟踪。

在之前所述的遥操作控制方法中,针对遥操作动态方程是假设主从机器人系统的参数完全已知情况下。但是,假设不一定完全成立,因为在某些特殊情况下如存在外部干扰、机器人关节摩擦干扰等,会带来控制系统的不稳定问题。除此以外,从机器人与环境交互过程中的目标参数不能完全获知也会给控制系统带来不确定因素。自适应控制通过调整自适应律的自身参数能够解决之前所述的不确定问题[124],很多学者已经提出了不同的自适应控制方法来解决遥操作系统的参数不确定或者外部干扰引起的不确定问题。针对目前遥操作过程存在的不确定问题,Slotine 与 Li 提出了基于位置误差的滑模控制的间接自适应控制方法,实现了主、从机械手的跟踪问题[125]。另外,基于最小二乘估计的预测误差的直接自适应控制方法实现了不确定条件下的跟踪[126]。针对遥操作通信时延,考虑到机器人动态参数不确定性,Chopra 提出了无源自适应控制方法保证主从机器人在自由空间下的速度、位置协同一致[127]。Seo 提出了无源自适应算法以及自适应控制律实现了模型参数与运动参数的不确定性下的网络机器人系统的位置跟踪[128]。刘霞针对遥操作机器人中动力学参数和运动学参数不确定性和外部干扰的问题,设计了一种基于 PEB(Position Error Based)的自适应控制器,并利用李普诺夫函数证明了系统的稳定性和位置跟踪误差的收敛性[129]。Chang-Chun Hua 针对主从机械手通信时延下将主从手跟踪误差作为不确定部分,通过设计径向基函数(RBF)神经网络自适应控制器实现了自由空间下主从机械手的位置速度同步[130]。

在忽略主从机械手通信时延条件下,主从机械手可以看作两个独立的设备,其中主手满足从手力跟踪,实现力觉再现的力反馈设备,从手实现对主手位置跟踪的设备。一般位置跟踪相对简单,通过设计基于位置偏差的控制律实现从手的闭环控制,包括模糊控制、滑模控制、神经网络控制等方法。而力反馈装置实现力觉信号再现就是重点,属于力控制范畴。一般力的控制有力位移混合控制以及阻抗控制,其基本特征是通过调节位置进而实现力的调整。针对一个实现标准力信号再现的机械手装置,如果操作者施加作用力较标准力信号大,则控制器控制机械手操作者减小作用力,如果操作者力信号一直大于标准力信号,则会一直控制机械手远离操作者。相反,如果操作者施加力小于标准力信号,控制器控制机械手运动挤压操作者,实现触觉力信号增大,进而达到与标准力信号的平衡。

第 3 章所设计的控制律,主要针对主、从机械手存在关节摩擦以及关节长度、质量不可完全测量引起机械手模型不确定的问题,还包括从机械手存在水流引起的不确定干扰问题,提出了主机械手阻抗自适应控制,从手 RBF 神经网络自适应控制方法,实现了主从机械手的力-位置协同一致的目的。然而在设计中存在主手线性回归矩阵 Y_m 计算需要参数变量 $\ddot{x}_m$ 的问题。众所周知,机械手加速度不容易准确测量会带来设计控制率的困难。从机械手通过设计 RBF 神经网络逼近从机械手模型,利用自适应律消除逼近误差,然而通过 RBF 神经网络逼近机械手整体模型容易给 RBF 网络带来很大的负担。针对此问题提出了主机械手积分型模型控制律及有界-增益-遗忘型自适应律,从机械手针对模型中每一个不确定参数设计了基于 GL 矩阵的分块 RBF 神经网络逼近控制律。

在本章所设计的控制律中,为了实现主机械手上对从手的触觉力跟踪,主手设计了一种新的模型参考自适应阻抗控制并且通过 BGF(有界-增益-遗忘)混合自适应阻抗控制方法。通过设计输入为操作者作用力与环境力的误差的二阶阻抗模型实现操作空间下期望位置的输出,基于非线性模型逼近的自适应滑模控制包括有界-增益-遗忘的自适应律实现了主手位置对期望位置跟踪,通过李雅普诺夫稳定性判据证明了主手控制的渐进跟踪能力以及稳定性能。

在本章所设计的控制律中,为了实现从机械手存在关节摩擦以及外部不确定有界干扰下从机械手对主机械手的位置跟踪,设计了基于 RBF 神经网络逼近的终端滑模自适应控制律。利用 RBF 神经网络直接逼近机械手动态方程中的每一个元素,自适应控制包括合适的更新率以及设计鲁棒控制律来抑制神经网络的逼近误差,并且通过不确定上界估计率实现对外部有界不确定干扰以及关节摩擦干扰的抑制,整个控制律下的系统模型的闭环系统通过李雅普诺夫稳定性判据证明了跟踪渐进收敛以及全局稳定能力。最后通过建立二关节自由度的主从机械手遥操作系统,利用设计的主、从手自适应控制律实现了整体的全局跟踪能力。并且单关节自由度下的遥操作试验验证了整体控制性能。结果表明,通过设计的主从机械手控制器使整体遥操作系统具有很好的力-位移跟踪能力以及保证全局的稳定性。本章基于 Mojtaba Sharifi[131] 的工作进行研究,提出的控制器主要的优点表述如下:

(1)主机械手力跟踪设计基于力误差阻抗模型。

(2)为了主机械手在设计自适应律中避免加速度项的测量,设计了一阶滤波器方法实现控制律的滤波。

(3)主机械手设计了利用指数遗忘最小二乘增益更新率的有界-增益-遗忘自适应控制算法。

(4)对从机械手动态方程中的惯性、离心力与哥氏力的和、重力项中的一项中的元素建立 RBF 神经网络渐进逼近算法实现模型逼近。

(5)从机械手通过自适应更新率实现闭环系统的全局渐进稳定。

主从机械手模型介绍、主从机械手控制律设计以及仿真试验验证如下所述。

4.2 数学模型及基本属性

由于主、从机械手特殊的操作环境,假设主机械手收到不确定摩擦转矩,从机械手受到不确定摩擦转矩之外还有不确定有界干扰转矩,则主、从遥操作机械手非线性动力学数学模型可描述为:

$$M_{\mathrm{m}}(q_{\mathrm{m}})\ddot{q}_{\mathrm{m}} + C_{\mathrm{m}}(q_{\mathrm{m}},\dot{q}_{\mathrm{m}})\dot{q}_{\mathrm{m}} + g_{\mathrm{m}}(q_{\mathrm{m}}) + d_{\mathrm{m}}(\dot{q}_{\mathrm{m}}) = \tau_{\mathrm{m}} - J_{\mathrm{m}}^{\mathrm{T}}(q_{\mathrm{m}})F_{\mathrm{h}} \quad (4\text{-}1)$$

$$M_{\mathrm{s}}(q_{\mathrm{s}})\ddot{q}_{\mathrm{s}} + C_{\mathrm{s}}(q_{\mathrm{s}},\dot{q}_{\mathrm{s}})\dot{q}_{\mathrm{s}} + g_{\mathrm{s}}(q_{\mathrm{s}}) + d_{\mathrm{s}}(\dot{q}_{\mathrm{s}}) + d_{\mathrm{w}} = \tau_{\mathrm{s}} - J_{\mathrm{s}}^{\mathrm{T}}(q_{\mathrm{s}})F_{\mathrm{e}} \quad (4\text{-}2)$$

其中，$M_i(q_i)$、$C_i(q_i,\dot{q}_i)$、$g_i(q_i)$、$J_i^{\mathrm{T}}(q_i)(i=\mathrm{m}、\mathrm{s})$ 分别为机械手的惯性量、离心力与哥氏力的和、重力项以及雅克比矩阵；$d_m(\dot{q}_m)$、$d_s(\dot{q}_s)$ 分别为主机械手、从机械手黏性摩擦与库仑摩擦力矩。设 $d_m(\dot{q}_m)$、$d_s(\dot{q}_s)$ 主要来自内部关节摩擦，可表示为：$d_i(\dot{q}_i)=D_i\dot{q}_i+N_i\mathrm{sign}(\dot{q}_i)$，$D_i$ 和 N_i 分别表示黏滞系数和库伦摩擦系数。d_w 表示从机械手由于受到水阻力以及洋流影响产生的不确定外部干扰转矩，τ_m、τ_s 为控制输入转矩，即给机械手关节转动的驱动力。F_h 为操作者施加力，F_e 是水下机械手与环境的接触力，q_i、$\dot{q}_i$、$\ddot{q}_i(i=\mathrm{m}、\mathrm{s})$ 分别为水下机械手的位置、速度和加速度。具有旋转关节机械手动力学具有以下属性：

【属性4-1】：机械手惯性矩阵 $M_m(q_m)$ 与 $M_s(q_s)$ 是对称正定矩阵，并且存在正常数 m_{1i} 与 m_{2i} 满足 $m_{1i}I \leqslant M_i(q_i) \leqslant m_{2i}I$，$I$ 为与 $M_i(q_i)$ 相同维数单位矩阵。

【属性4-2】：$\dot{M}_i(q_i)-2C_i(q_i,\dot{q}_i)$ 是斜对称矩阵。

【属性4-3】：雅可比矩阵 $J_i(q_i)$ 及其逆矩阵 $J_i^{-1}(q_i)$ 始终有界，即分别存在 μ_1 与 μ_2 满足 $\|J_i(q_i)\| \leqslant \mu_1$ 与 $\|J_i^{-1}(q_i)\| \leqslant \mu_2$。

【属性4-4】：机械手动力学模型根据未知参数不同，可以线性化表示为：

$$M_i(q_i)\varphi_1+C_i(q_i,\dot{q}_i)\varphi_2+g_i(q_i)+d_i(\dot{q}_i)=Y_i(\varphi_1,\varphi_2,q_i,\dot{q}_i)\theta_i \tag{4-3}$$

式中，$i=\mathrm{m}、\mathrm{s}$ 表示主从机械手标识；φ_1、φ_2 为任意已知向量；回归矩阵 $Y_i(\varphi_1,\varphi_2,q_i,\dot{q}_i)$ 是包含关节空间信息、参数已知的矩阵函数；θ_i 包含机械手数学模型未知参数项。主从手操作空间与关节空间的换算有：

$$\begin{cases}\dot{x}_i=J_i(q_i)\dot{q}_i \\ \ddot{x}_i=\dot{J}_i(q_i)\dot{q}_i+J_i(q_i)\ddot{q}_i\end{cases} \tag{4-4}$$

设 x_i 为机械手笛卡儿坐标系下位置，设 x_i 与 q_i 同维，即设机械手为非冗余，J_i 为非奇异矩阵。将式(4-3)代入式(4-1)，可得机械手关于笛卡儿坐标系下的动力学方程：

$$\begin{cases}M_{\mathrm{xm}}(q_\mathrm{m})\ddot{x}_\mathrm{m}+C_{\mathrm{xm}}(q_\mathrm{m},\dot{q}_\mathrm{m})\dot{x}_\mathrm{m}+g_{\mathrm{xm}}(q_\mathrm{m})+d_{\mathrm{xm}}(\dot{q}_\mathrm{m})=\tau_{\mathrm{xm}}-F_h \\ M_{\mathrm{xs}}(q_\mathrm{s})\ddot{x}_\mathrm{s}+C_{\mathrm{xs}}(q_\mathrm{s},\dot{q}_\mathrm{s})\dot{x}_\mathrm{s}+g_{\mathrm{xs}}(q_\mathrm{s})+d_{\mathrm{xs}}(\dot{q}_\mathrm{s})+d_{\mathrm{xw}}=\tau_{\mathrm{xs}}-F_e\end{cases} \tag{4-5}$$

由式(4-1)与式(4-3)可得：

$$\begin{cases}M_{xi}(q_i)=J_i^{-\mathrm{T}}M_i(q_i)J_i^{-1},d_{\mathrm{xw}}=J_i^{-\mathrm{T}}d_\mathrm{w} \\ C_{xi}(q_i,\dot{q}_i)=J_i^{-\mathrm{T}}(C_i(q_i,\dot{q}_i)-M_i(q_i)J_i^{-1}\dot{J}_i)J_i^{-1}(q_i) \\ g_{xi}(q_i)=J_i^{-\mathrm{T}}g_i(q_i),d_{xi}=J_i^{-\mathrm{T}}d_i,\tau_{xi}=J_i^{-\mathrm{T}}\tau_i\end{cases} \tag{4-6}$$

其中 $i=\mathrm{m}、\mathrm{s}$ 分别表示主、从机械手。

4.3　机械手控制律设计

操作者在主机械手上施加力信号,主机械手控制器采集施加力并控制主机械手运动,主手控制器将主手位置通过通信网络传送给从机械手控制器,从机械手控制器获取主手位置信息作为从手位置跟踪目标,从手完成位置跟踪并将从手与外部环境的作用力传送给主手,主手上实现操作者施加力与从手作用力的一致匹配,满足主、从机械手上力-位置的一致同步性,实现操作者真实感知从手触觉力的目的。

由于主、从机械手动态方程的不确定性以及是在外部有界不确定干扰下实现力-位移跟踪,因此,分别设计了主手自适应阻抗控制和从手 GL 矩阵神经网络分块逼近滑模控制,其整体控制流程图如图 4-1 所示,主、从机械手设计详细过程具体如下所述。

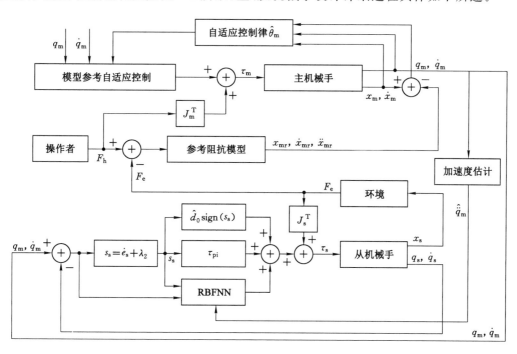

图 4-1　遥操作系统控制结构图

4.3.1　主机械手控制律设计

通过调节由用户设定的目标阻抗模型,使机械手终端达到柔顺性运动的目的,将阻抗控制加入自适应特征,使在外界不确定条件下主机械手触觉力跟踪从手触觉力信号具有鲁棒性能。操作者施加主手作用力、从手触觉力、末端速度、加速度之间可以建立一个二阶数学模型，这个控制模型称为目标阻抗模型。为了实现操作者施加力对环境接触力的跟踪，采用的阻抗控制模型为：

$$M_{\mathrm{d}}\ddot{x}_{\mathrm{mr}} + B_{\mathrm{d}}\dot{x}_{\mathrm{mr}} = F_{\mathrm{h}} - F_{\mathrm{e}} \tag{4-7}$$

式中，矩阵 M_{d}、B_{d} 为目标阻抗参数，分别是机械手期望的惯性、阻尼矩阵；F_{e} 是从手与环境接触力；F_{h} 是操作者在主机械手上施加力；x_{mr} 为笛卡儿坐标系下目标阻抗模型的输出参考位置。在目标阻抗二阶模型中，通过操作者施加力与环境力之间的差值获取参考位置 x_{mr} 作为主机械手位置跟踪目标，通过调整机械手位置实现抓取力与环境力之间的匹配。当系统处于稳态时，$F_{\mathrm{h}} = F_{\mathrm{e}}$，此时 $\dot{x}_{\mathrm{mr}}$、$\ddot{x}_{\mathrm{mr}}$ 为零，满足阻抗关系式(4-7)平衡。

为了实现主机械手末端操作空间位置 x_{m} 对参考阻抗期望位置 x_{mr} 的跟踪，这里设计滑模面为：

$$s_{\mathrm{m}} = \dot{\tilde{x}}_{\mathrm{m}} + \lambda_1 \tilde{x}_{\mathrm{m}} \tag{4-8}$$

式中，λ_1 为正定矩阵；$\tilde{x}_{\mathrm{m}} = x_{\mathrm{m}} - x_{\mathrm{mr}}$，为机械手末端位置 x_{m} 与阻抗模型位置响应 x_{mr} 的差，x_{m}、$x_{\mathrm{mr}} \in \mathrm{R}^{n \times 1}$。参考速度向量定义为：

$$\dot{x}_{\mathrm{r}} = \dot{x}_{\mathrm{m}} - \lambda_1 \tilde{x}_{\mathrm{m}} \tag{4-9}$$

由式(4-8)、式(4-9)可以重新写滑模变量函数为：$s_{\mathrm{m}} = \dot{x}_{\mathrm{m}} - \dot{x}_{\mathrm{r}}$。在机械手操作空间，对式(4-8)求关于时间的导数，左乘 $M_{\mathrm{xm}}(q_{\mathrm{m}})$，可以得到：

$$M_{\mathrm{xm}}(q_{\mathrm{m}})\dot{s}_{\mathrm{m}} = M_{\mathrm{xm}}(q_{\mathrm{m}})\ddot{x}_{\mathrm{m}} - M_{\mathrm{xm}}(q_{\mathrm{m}})\ddot{x}_{\mathrm{mr}} + \lambda_1 M_{\mathrm{xm}}(q_{\mathrm{m}})\dot{\tilde{x}}_{\mathrm{m}} \tag{4-10}$$

将主机械手操作空间方程代入式(4-10)，消去 $M_{\mathrm{xm}}(q_{\mathrm{m}})\ddot{x}_{\mathrm{m}}$ 项，可以得到：

$$M_{\mathrm{xm}}(q_{\mathrm{m}})\dot{s}_{\mathrm{m}} = -\lambda_1 M_{\mathrm{xm}}(q_{\mathrm{m}})s_{\mathrm{m}} - C_{\mathrm{xm}}(q_{\mathrm{m}},\dot{q}_{\mathrm{m}})s_{\mathrm{m}} + \tau_{\mathrm{xm}} - M_{\mathrm{xm}}(q_{\mathrm{m}})(\ddot{x}_{\mathrm{r}} - \lambda_1 s_{\mathrm{m}}) -$$
$$C_{\mathrm{xm}}(q_{\mathrm{m}},\dot{q}_{\mathrm{m}})\dot{x}_{\mathrm{r}} - g_{\mathrm{xm}}(q_{\mathrm{m}}) - d_{\mathrm{xm}}(\dot{q}_{\mathrm{m}}) - F_{\mathrm{h}} \tag{4-11}$$

如果主机械手非线性动力学方程参数 $M_{\mathrm{xm}}(q_{\mathrm{m}})$、$C_{\mathrm{xm}}(q_{\mathrm{m}},\dot{q}_{\mathrm{m}})$、$g_{\mathrm{xm}}(q_{\mathrm{m}})$、$d_{\mathrm{xm}}(\dot{q}_{\mathrm{m}})$ 全部已知，操作者施加力 F_{h} 已知可测，则主机械手控制律可以设计为：

$$\tau_{\mathrm{xme}} = M_{\mathrm{xm}}(q_{\mathrm{m}})(\ddot{x}_{\mathrm{r}} - \lambda_1 s_{\mathrm{m}}) + C_{\mathrm{xm}}(q_{\mathrm{m}},\dot{q}_{\mathrm{m}})\dot{x}_{\mathrm{r}} + g_{\mathrm{xm}}(q_{\mathrm{m}}) + d_{\mathrm{xm}}(\dot{q}_{\mathrm{m}}) + F_{\mathrm{h}} \tag{4-12}$$

【定理 4-1】：假设 n 自由度关节机械手非线性动态方程(4-1)参数已知，如果终端滑模函数选择为(4-8)，控制律设计为(4-12)，则主机械手闭环系统全局收敛稳定且主机械手轨迹跟踪收敛于滑模面 $s_{\mathrm{m}} = 0$，机械手末端位置收敛于参考阻抗位置，即当 $t \to \infty$ 时 $x_{\mathrm{m}} \to x_{\mathrm{mr}}$。

证明　在操作空间下将控制律式(4-12)代入操作空间下机械手模型，可以得到：

$$M_{\mathrm{xm}}(q_{\mathrm{m}})\dot{s}_{\mathrm{m}} = -\lambda_1 M_{\mathrm{xm}}(q_{\mathrm{m}})s_{\mathrm{m}} - C_{\mathrm{xm}}(q_{\mathrm{m}},\dot{q}_{\mathrm{m}})s_{\mathrm{m}} \tag{4-13}$$

设计李雅普诺夫函数为：

$$V_0 = \frac{1}{2} s_m^T M_x(x_m) s_m \tag{4-14}$$

很显然 V_0 为正定函数，对 V_0 求关于时间的一阶导数，并利用机械手参数 $\dot{M}_m(q_m) - \frac{1}{2} C_m(q_m, \dot{q}_m)$ 为反对称矩阵的属性，有：

$$\begin{aligned}
\dot{V}_0 &= \frac{1}{2} s_m^T \dot{M}_x(q_m) s_m + s_m^T M_x(q_m) \dot{s}_m \\
&= \frac{1}{2} s_m^T \dot{M}_x(q_m) s_m + s_m^T (-\lambda_1 M_x(q_m) s_m - C_x(q_m, \dot{q}_m) s_m) \\
&= -\lambda_1 s_m^T M_x(q_m) s_m \leqslant 0
\end{aligned} \tag{4-15}$$

通过公式(4-15)可知，当主机械手参数已知时，通过控制律设计的闭环系统式(4-13)全局稳定。但是，主机械手模型参数不可能完全已知。设计 $\hat{M}_{xm}(q_m)$、$\hat{C}_{xm}(q_m, \dot{q}_m)$、$\hat{g}_{xm}(q_m)$、$\hat{d}_{xm}(\dot{q}_m)$ 为对应 $M_{xm}(q_m)$、$C_{xm}(q_m, \dot{q}_m)$、$g_{xm}(q_m)$、$d_{xm}(\dot{q}_m)$ 的估计值。主机械手的关节角度、关节长度已知，则主机械手的雅克比矩阵 $J_m(q_m)$ 已知。则在操作空间下主机械手控制律可以设计为：

$$\begin{aligned}
\tau_{xm} &= \hat{M}_{xm}(q_m)(\ddot{x}_r - \lambda_1 s_m) + \hat{C}_{xm}(q_m, \dot{q}_m)\dot{x}_r + \hat{g}_{xm}(q_m) + \hat{d}_{xm}(\dot{q}_m) + F_h \\
&= J_m^{-T} \hat{M}_m(q_m) J_m^{-1}(\ddot{x}_r - \lambda_1 s_m) + J_m^{-T}(\hat{C}_m(q_m, \dot{q}_m) - \hat{M}_m(q_m) J_m^{-1} \dot{J}_m) J_m^{-1} \dot{x}_r + \\
&\quad J_m^{-T} \hat{g}_m(q_m) + J_m^{-T} \hat{d}_m(\dot{q}_m) + F_h
\end{aligned} \tag{4-16}$$

设计角度关节下的控制律，则式(4-10)在关节坐标系下的控制律为：

$$\tau_m = \hat{M}_m(q_m)\eta_1 + \hat{C}_m(q_m, \dot{q}_m)\eta_2 + \hat{g}_m(q_m) + \hat{d}_m(\dot{q}_m) + J_m^T F_h \tag{4-17}$$

机械手运动角度、长度已知，即雅克比矩阵 J_m^T 为已知量。式(4-17)中 η_1、η_2 为已知向量，其表示如下：

$$\begin{cases} \eta_1 = J_m^{-1}(\ddot{x}_r - \lambda_1 s_m - \dot{J}_m J_m^{-1} \dot{x}_r) \\ \eta_2 = J_m^{-1} \dot{x}_r \end{cases} \tag{4-18}$$

参考机器人性质4-4，则控制律式(4-18)可以表示为：

$$\tau_m = Y_m(\eta_1, \eta_2, q_m, \dot{q}_m)\hat{\theta}_m - J_m^T F_h \tag{4-19}$$

式中，$Y_m \hat{\theta}_m$ 控制律式(4-17)的前四项，Y_m 是机器人回归矩阵且 $\hat{\theta}_m$ 关节空间不确定参数向量；自适应律设计为以主机械手跟踪误差 s_m 与预测误差 e_m 为基础的混合自适应方式；s_m 设计为滑模变量，如式(4-8)所示。预测误差 e_m 是主机械手实际动态模型 $M_m(q_m)\ddot{q}_m + C_m(q_m, \dot{q}_m)\dot{q}_m + g_m(q_m) + d_m(\dot{q}_m)$ 与控制器估计模型 $\hat{M}_m(q_m)\ddot{q}_m +$

$\hat{C}_m(q_m,\dot{q}_m)\dot{q}_m+\hat{g}_m(q_m)+\hat{d}_m(\dot{q}_m)$ 之间的差。然而由于 $M_m(q_m)\ddot{q}_m$、$\hat{M}_m(q_m)\ddot{q}_m$ 包含难以准确测量的加速度项 $\ddot{q}_m$，为了消除加速度项测量困难带来的不确定性，参考文献 [132] 和 [133] 利用滤波器动态方程实现加速度的消除。这里设计一阶滤波算法，设 $\omega(t)$ 为稳定适当的滤波器 $\omega(s)$ 的脉冲响应，定义为：

$$\omega(s)=\frac{a}{s+a} \tag{4-20}$$

式中，a 为滤波器的带宽，其中 $\omega(t)=ae^{-at}$ 为 $\omega(s)$ 的冲击响应，将滤波器应用到机器人动态方程中，分别对式(4-1)中主机械手动态方程两端求卷积，有：

$$\int_0^t \omega(t-\mu)(M_m(q_m)\ddot{q}_m(\mu)+C_m(q_m,\dot{q}_m)\dot{q}_m(\mu)+g_m(q_m(\mu))+d_m(\dot{q}_m))d\mu$$
$$=\int_0^t \omega(t-\mu)(\tau_m(\mu)-J_m^T F_h)d\mu \tag{4-21}$$

利用分步积分方法，式(4-21)左侧可以重新写成：

$$\int_0^t \omega(t-\mu)(M_m(q_m)\ddot{q}_m(\mu)+C_m(q_m,\dot{q}_m)\dot{q}_m(\mu)+g_m(q_m(\mu))+d_m(\dot{q}_m))d\mu$$
$$=\int_0^t \omega(t-\mu)\left[\frac{d}{d\mu}M_m(q_m)\dot{q}_m(\mu)-\dot{M}_m(q_m)\dot{q}_m(\mu)+C_m(q_m,\dot{q}_m)\dot{q}_m(\mu)+g_m(q_m(\mu))+d_m(\dot{q}_m))\right]d\mu$$
$$=\omega(0)M_m(q_m)\dot{q}_m(t)-\omega(t)M_m(q_m(0))\dot{q}_m(0)-$$
$$\int_0^t \left[\omega(t-\mu)\dot{M}_m(q_m)\dot{q}_m(\mu)+\dot{\omega}(t-\mu)M_m(q_m(\mu))\dot{q}_m(\mu)\right]d\mu+$$
$$\int_0^t \omega(t-\mu)\left[C_m(q_m,\dot{q}_m)\dot{q}_m(\mu)+g_m(q_m(\mu))+d_m(\dot{q}_m))\right]d\mu \tag{4-22}$$

因此，不需要测量加速度项计算 $M_m(q_m)\ddot{q}_m$，式(4-21)左侧可以重新写成新的回归矩阵形式为：

$$y_m(t)=W_{mw}(t)\theta_m \tag{4-23}$$

式(4-23)是主机械手动态模型的线性化参数的一阶滤波形式。$y_m(t)$ 可以通过对主机械手数学模型的右侧滤波计算实现，可以描述为：

$$y_m(t)=\int_0^t \omega(t-\mu)\left[\tau_m-J_m^T(q_m)F_h\right]d\mu \tag{4-24}$$

更进一步，式(4-24)中 W_{mw} 可以直接通过对回归矩阵 Y_m 作滤波计算得到，可以表述为：$W_{mw}=\int_0^t \omega(t-\mu)Y_m(\mu)d\mu$。因此可以直接通过可以测量的变量 q_m、$\dot{q}_m$ 求得 W_{mw}，而不需要 $\ddot{q}_m$，这也是用一阶滤波器实现滤波计算的主要原因。设 $\hat{\theta}_m$ 是不确定参数 θ_m 的估计，则 $y_m(t)$ 估计量 $\hat{y}_m(t)$ 可以重新写为：

$$\hat{y}_{\mathrm{m}}(t) = W_{\mathrm{mw}}(t)\hat{\theta}_{\mathrm{m}} \tag{4-25}$$

因此滤波形式的预测误差 e_{m} 可以重新写为：

$$e_{\mathrm{m}}(t) = \hat{y}_{\mathrm{m}}(t) - y_{\mathrm{m}}(t) \tag{4-26}$$

根据新型的回归矩阵方程 W_{mw}，预测误差 e_{m} 可以重新写为：

$$e_{\mathrm{m}}(t) = W_{\mathrm{mw}}(t)\tilde{\theta}_{\mathrm{m}} \tag{4-27}$$

式中，$\tilde{\theta}_{\mathrm{m}} = \hat{\theta}_{\mathrm{m}} - \theta_{\mathrm{m}}$。 参考 slotine 自适应控制方法，有界-增益-遗忘混合自适应控制律设计如下所示：

$$\dot{\hat{\theta}}_1 = -P_{\mathrm{m}}^{\mathrm{T}}(t)\left[Y_{\mathrm{m}}^{\mathrm{T}}(t)J_{\mathrm{m}}^{-1}s_{\mathrm{m}} + W_{\mathrm{mw}}^{\mathrm{T}}(t)R_{\mathrm{m}}(t)e_{\mathrm{m}}(t)\right] \tag{4-28}$$

式中，$P_{\mathrm{m}}(t)$ 称为有界正定自适应增益矩阵；$R_{\mathrm{m}}(t)$ 称为一致正定加权矩阵，代表了自适应律对参数信息 $e_{\mathrm{m}}(t)$ 的重视程度。$R_{\mathrm{m}}(t)$ 定义为：

$$R_{\mathrm{m}}(t) = a_0 I_{\mathrm{m}} \tag{4-29}$$

式中，a_0 表示为正常数；I_{m} 是与遥操作机械手相同维数的单位矩阵。自适应律通过有界-增益-遗忘混合自适应控制律实现，指数遗忘最小二乘法增益更新律 $P_{\mathrm{m}}(t)$ 定义为：

$$\frac{\mathrm{d}}{\mathrm{d}t}\left[P_{\mathrm{m}}^{-1}(t)\right] = -\beta(t)P_{\mathrm{m}}^{-1}(t) + W_{\mathrm{mw}}^{\mathrm{T}}(t)W_{\mathrm{mw}}(t) \tag{4-30}$$

可变的遗忘因子 $\beta(t)$ 设定为：

$$\beta(t) = \beta_0(1 - \|P_{\mathrm{m}}(t)\|/k_0) \tag{4-31}$$

式中，β_0、k_0 为正常数，分别表示最大遗忘率及增益矩阵范数 $\|P_{\mathrm{m}}(t)\|$ 预定的界。可变的遗忘因子 $\beta(t)$ 意味着当 $\|P_{\mathrm{m}}(t)\|$ 很小时，可以只考虑 β_0，忽略遗忘因子其他因素；当 $\|P_{\mathrm{m}}(t)\|$ 增加时，可以降低遗忘速度；当 $\|P_{\mathrm{m}}(t)\|$ 达到某个范数时候则停止遗忘。由于较大的 β_0 意味着遗忘速度过快，选择 β_0 也代表了参数跟踪速度与估计参数振动性之间的权衡。这里选择 $\|P_{\mathrm{m}}(0)\| \leqslant k_0$ 称为具有遗忘因子的最小二乘估计器，称为有界-增益-遗忘（BGF）估计器，式(4-30)可以重新写为：

$$\frac{\mathrm{d}}{\mathrm{d}t}\left[P_{\mathrm{m}}(t)\right] = \beta(t)P_{\mathrm{m}}(t) - P_{\mathrm{m}}(t)W_{\mathrm{mw}}^{\mathrm{T}}(t)W_{\mathrm{mw}}(t)P_{\mathrm{m}}(t) \tag{4-32}$$

【定理 4-2】：设 n 自由度含有不确定项主机械手的数学模型如式(4-1)所示，终端滑模函数设计为式(4-8)所示，控制律设计为式(4-19)所示，自适应控制律选择式(4-28)并以式(4-30)或者式(4-32)作为更新率，则主机械手轨迹跟踪渐进收敛于滑模面 $s_{\mathrm{m}}(t) = 0$，主机械手末端位置渐进收敛于阻抗模型参考位置，即当 $t \to \infty$ 时 $x_{\mathrm{m}} \to x_{\mathrm{mr}}$。

设计李雅普诺夫函数为：

$$V_1 = \frac{1}{2}(s_{\mathrm{m}}^{\mathrm{T}}M_{\mathrm{xm}}(q_{\mathrm{m}})s_{\mathrm{m}} + \tilde{\theta}_{\mathrm{m}}^{\mathrm{T}}P_{\mathrm{m}}^{-1}(t)\tilde{\theta}_{\mathrm{m}}) \tag{4-33}$$

很显然 $V_1 > 0$。对 V_1 求导，并利用机器人 $\dot{M}_m(q_m) - \frac{1}{2}C_m(q_m, \dot{q}_m)$ 为反对称矩阵的性质，有：

$$\dot{V}_1 = -\lambda_1 s_m^T M_{xm}(q_m)s_m + s_m^T J_m^{-T} Y_m \tilde{\theta}_m + \dot{\hat{\theta}}_m^T P_m^{-1}(t)\tilde{\theta}_m + \frac{1}{2}\left(\tilde{\theta}_m^T \frac{d}{dt}(P_m^{-1}(t))\tilde{\theta}_m\right)$$

$$= -\lambda_1 s_m^T M_{xm}(q_m)s_m - e_m^T R_m({}^t)TW_{mw}\tilde{\theta}_m + \frac{1}{2}\left(\tilde{\theta}_m^T \frac{d}{dt}(P_m^{-1}(t))\tilde{\theta}_m\right) \qquad (4\text{-}34)$$

将自适应律公式及可变的遗忘因子 $\beta(t)$ 代入式(4-34)中，可得：

$$\dot{V}_1 = -\lambda_1 s_m^T M_{xm}(q_m)s_m - e_m^T R_m^T(t)W_{mw}\tilde{\theta}_m - \frac{1}{2}\beta(t)\tilde{\theta}_m^T P_m^{-1}(t)\tilde{\theta}_m +$$

$$\frac{1}{2}\tilde{\theta}_m^T W_{mw}^T W_{mw}\tilde{\theta}_m \qquad (4\text{-}35)$$

$$\dot{V}_1 = -\lambda_1 s_m^T M_{xm}(q_m)s_m - \left(a_0 - \frac{1}{2}\right)\tilde{\theta}_m^T W_{mw}^T W_{mw}\tilde{\theta}_m - \frac{1}{2}\beta(t)\tilde{\theta}_m^T P_m^{-1}(t)\tilde{\theta}_m \qquad (4\text{-}36)$$

当选择 $a_0 > \frac{1}{2}$ 时，$P_m(t)$ 是正定的且由于 $\forall t \geqslant 0, \beta(t) \geqslant 0$，由式(4-36)知 $\dot{V}_1 < 0$。根据李雅普诺夫稳定性定理保证了所提出的控制律实现了整体稳定剂功能，确保了全局收敛能力，即当 $t \to \infty$ 时 $s_m(t) \to 0$。主机械手末端位置渐进收敛于阻抗模型参考位置，即当 $t \to \infty$ 时 $x_m \to x_{mr}$。

4.3.2 从机械手控制律设计

忽略主、从机械手控制器通信时延问题，从手相当于标准信号的位置跟踪，并将从手与环境交互的力作用信号传输给主手作力跟踪。针对从手的外部不确定条件下的位置跟踪，笔者设计了自适应从手控制器。

由于从机械手参数的不确定性以及外部运动阻力干扰以及水流导致的不确定附件转矩，导致了从机械手控制器对主机械手位置跟踪的复杂性。针对从机械手的轨迹跟踪，通过 GL 矩阵利用 RBF 神经网络实现对从机械手模型参数 $M_s(q_s)$、$C_s(q_s, \dot{q}_s)$ 和 $g_s(q_s)$ 中的每一个元素进行直接逼近，再利用鲁棒滑模控制方法抑制神经网络逼近误差以及外部不确定干扰带来的影响[134]。

采用径向基神经网络来逼近水下机械手的动力学模型。对于一个给定的非线性函数，用径向基神经网络可以以任意精度全局逼近，能够很好地解决具有高度非线性和不确定性系统的控制能力。神经网络隐含层节点的输出为：通过 RBF 神经网络对不确定部分的逼近，RBF 神经网络属于局部泛化网络，可以加快学习速度避免陷入极小值问题。

在实际应用中的 RBF 神经网络结构如图 4-2 所示。固定的三层神经网络,其输出由特定的输出隐含层单元决定。通过神经网络在线建模来逼近系统的非线性模型,神经网络的逼近误差以及外部干扰通过鲁棒控制项来消除,采用引入的 GL 矩阵机器乘法算子"*"来直接辨识从机械手模型的各部分系统参数。

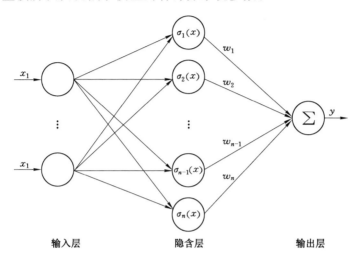

图 4-2　RBF 神经网络示意图

所设计控制策略不需要逆动力学模型的估计值,同时也避免了求雅克比矩阵的逆,降低了计算量。RBF 神经网络函数可以表示为:

$$\sigma_i(x) = \exp\left(-\frac{\parallel x - c_i \parallel^2}{b_i^2}\right) \qquad i = 1, 2, \cdots, n \tag{4-37}$$

式中,x 是 n 维输入向量;c_i 是和 x 同维的中心向量;b_i 称为基函数变量;n 为隐含层神经网络单元数;$\parallel \cdot \parallel$ 表示欧几里得范数。神经网络的输出可以表示为:

$$y = \sum_{i=1}^{n} \omega_i \sigma_i(x) + \varepsilon \tag{4-38}$$

式中,$\sigma_i(x)$ 神经网络激励函数;ω_i 是关于隐含层与输出层的权值;ε 是神经网络逼近误差。定义符号 $\{\cdot\}$ 为 GL 矩阵,符号 $[\cdot]$ 为一般矩阵,定义 $\cdot$ 为其乘法算子。GL 矩阵的主要特征是它的转置与它本身的乘积具有分块计算的特征。如两个 GL 矩阵 $\{\Psi\}$、$\{\Xi\}$ 和常规矩阵 $\{\Gamma_k\}$ 的运算如下所示:

$$\{\Psi\} = \begin{Bmatrix} \Psi_{11} & \Psi_{12} & \cdots & \Psi_{1n} \\ \Psi_{21} & \Psi_{22} & \cdots & \Psi_{2n} \\ \vdots & \vdots & \cdots & \vdots \\ \Psi_{n1} & \Psi_{n2} & \cdots & \Psi_{nn} \end{Bmatrix} = \begin{Bmatrix} \{\Psi_1\} \\ \{\Psi_2\} \\ \vdots \\ \{\Psi_n\} \end{Bmatrix} \tag{4-39}$$

$$\{\Xi\} = \begin{Bmatrix} \xi_{11} & \xi_{12} & \cdots & \xi_{1n} \\ \xi_{21} & \xi_{22} & \cdots & \xi_{2n} \\ \vdots & \vdots & \cdots & \vdots \\ \xi_{n1} & \xi_{n2} & \cdots & \xi_{nn} \end{Bmatrix} = \begin{Bmatrix} \{\xi_1\} \\ \{\xi_2\} \\ \vdots \\ \{\xi_n\} \end{Bmatrix} \tag{4-40}$$

$$\Gamma_k = \Gamma_k^T = \begin{bmatrix} r_{k1} & r_{k2} & \cdots & r_{kn} \end{bmatrix} \tag{4-41}$$

Ψ_k、ξ_k、r_{ki} 分别为对应的向量。GL 矩阵可以看成由多个小矩阵构成的,其基本操作以每一个小块矩阵为单位计算。根据之前的 GL 矩阵定义,GL 矩阵转置以及 GL 矩阵相乘,不同于普通矩阵的计算,可以得到如下的运算。

$$\{\Theta\}^T = \begin{Bmatrix} \theta_{11}^T & \theta_{12}^T & \cdots & \theta_{1n}^T \\ \theta_{21}^T & \theta_{22}^T & \cdots & \theta_{2n}^T \\ \vdots & \vdots & \cdots & \vdots \\ \theta_{n1}^T & \theta_{n2}^T & \cdots & \theta_{nn}^T \end{Bmatrix} \tag{4-42}$$

$$[\{\Theta\}^T \cdot \{\Xi\}] = \begin{Bmatrix} \theta_{11}^T \xi_{11} & \theta_{12}^T \xi_{12} & \cdots & \theta_{1n}^T \xi_{1n} \\ \theta_{21}^T \xi_{21} & \theta_{22}^T \xi_{22} & \cdots & \theta_{2n}^T \xi_{2n} \\ \vdots & \vdots & \cdots & \vdots \\ \theta_{n1}^T \xi_{n1} & \theta_{n2}^T \xi_{nn} & \cdots & \theta_{nn}^T \xi_{nn} \end{Bmatrix} \tag{4-43}$$

$$\begin{aligned} \Gamma_k \cdot \{\xi_k\} &= \{\Gamma_k\} \cdot \{\xi_k\} \\ &= \begin{bmatrix} r_{k1}\xi_{k1} & r_{k2}\xi_{k2} & \cdots & r_{kn}\xi_{kn} \end{bmatrix} \end{aligned} \tag{4-44}$$

$\{*\} \cdot \{*\}$ 表示两个 GL 矩阵相乘的运算形式,$[*] \cdot \{*\}$ 表示普通矩阵与 GL 矩阵相乘运算。根据 GL 矩阵特征,很显然 $M_s(q_s)$ 与 $g_s(q_s)$ 仅仅是由 q_s 构成的矩阵,通过 RBF 神经网络,利用 q_s 来建模逼近 $M_s(q_s)$ 与 $g_s(q_s)$。$M_s(q_s)$ 与 $g_s(q_s)$ 中的元素 $M_{ij}(q_s)$、$g_i(q_s)$ 利用 RBF 神经网络逼近的表达式可以写为:

$$M_{ij}(q_s) = W_{Mij}^T \sigma_{Mij}(q_s) + \varepsilon_{Mij}(q_s) \tag{4-45}$$

$$g_i(q_s) = W_{gi}^T \sigma_{gi}(q_s) + \varepsilon_{gi}(q_s) \tag{4-46}$$

式中,W_{Mij}、W_{gi} 是神经网络权值向量;$\sigma_{Mij}(q_s)$、$\sigma_{gi}(q_s)$ 是以 q_s 为输入的神经网络激励函数向量;$\varepsilon_{Mij}(q_s)$、$\varepsilon_{gi}(q_s)$ 是神经网络模型逼近误差,并且假设逼近误差有界。同理,$C_s(q_s, \dot{q}_s)$ 是 q_s、$\dot{q}_s$ 构成的矩阵,可以通过以 q_s、$\dot{q}_s$ 为输入的 RBF 神经网络来逼近 $C_s(q_s, \dot{q}_s)$,假设 $C_{ij}(q_s, \dot{q}_s)$ 通过 RBF 神经网络逼近的表达式为:

$$C_{ij}(q_s, \dot{q}_s) = W_{Cij}^T \sigma_{Cij}(q_s, \dot{q}_s) + \varepsilon_{Cij}(q_s, \dot{q}_s) \tag{4-47}$$

式中,W_{Cij} 是神经网络权值向量;$\sigma_{Cij}(q_s, \dot{q}_s)$ 是以 q_s、$\dot{q}_s$ 为输入的神经网络激励函数向

量；$\varepsilon_{Cij}(q_s, \dot{q}_s)$ 是神经网络模型逼近误差，并且同样假设逼近误差有界。因此，$M_s(q_s)$、$C_s(q_s, \dot{q}_s)$、$g_s(q_s)$ 可以通过如下式表示：

$$M_s(q_s) = \begin{bmatrix} W_{M11}^T \sigma_{M11}(q_s) & W_{M12}^T \sigma_{M12}(q_s) & \cdots & W_{M1n}^T \sigma_{M1n}(q_s) \\ W_{M21}^T \sigma_{M21}(q_s) & W_{M22}^T \sigma_{M22}(q_s) & \cdots & W_{M2n}^T \sigma_{M2n}(q_s) \\ \vdots & \vdots & \cdots & \vdots \\ W_{Mn1}^T \sigma_{Mn1}(q_s) & W_{Mn2}^T \sigma_{Mn2}(q_s) & \cdots & W_{Mnn}^T \sigma_{Mnn}(q_s) \end{bmatrix} + E_M(q_s) \quad (4\text{-}48)$$

$$C_s(q_s, \dot{q}_s) =$$

$$\begin{bmatrix} W_{C11}^T \sigma_{C11}(q_s, \dot{q}_s) & W_{C12}^T \sigma_{C12}(q_s, \dot{q}_s) & \cdots & W_{C1n}^T \sigma_{C1n}(q_s, \dot{q}_s) \\ W_{C21}^T \sigma_{C21}(q_s, \dot{q}_s) & W_{C22}^T \sigma_{C22}(q_s, \dot{q}_s) & \cdots & W_{C2n}^T \sigma_{C2n}(q_s, \dot{q}_s) \\ \vdots & \vdots & \cdots & \vdots \\ W_{Cn1}^T \sigma_{Cn1}(q_s, \dot{q}_s) & W_{Cn2}^T \sigma_{Cn2}(q_s, \dot{q}_s) & \cdots & W_{Cnn}^T \sigma_{Cnn}(q_s, \dot{q}_s) \end{bmatrix} + E_C(q_s, \dot{q}_s) \quad (4\text{-}49)$$

$$g_s(q_s) = \begin{bmatrix} W_{g1}^T \sigma_{g1}(q_s) \\ W_{g2}^T \sigma_{g2}(q_s) \\ \vdots \\ W_{gn}^T \sigma_{gn}(q_s) \end{bmatrix} + E_g(q_s) \quad (4\text{-}50)$$

$E_M(q_s)$、$E_C(q_s, \dot{q}_s)$、$E_g(q_s)$ 是包含元素 $\sigma_{Mij}(q_s)$、$\sigma_{Cij}(q_s, \dot{q}_s)$、$\varepsilon_{gi}(q_s)$ 的神经网络模型逼近误差矩阵。利用 GL 矩阵特征，$M_s(q_s)$、$C_s(q_s, \dot{q}_s)$ 和 $g_s(q_s)$ 利用 RBF 神经网络分块逼近可以进一步写为：

$$M_s(q_s) = [\{W_M\}^T \cdot \{\sigma_M(q_s)\}] + E_M(q_s) \quad (4\text{-}51)$$

$$C_s(q_s, \dot{q}_s) = [\{W_C\}^T \cdot \{\sigma_C(q_s, \dot{q}_s)\}] + E_C(q_s, \dot{q}_s) \quad (4\text{-}52)$$

$$g_s(q_s) = [\{W_g\}^T \cdot \{\sigma_g(q_s)\}] + E_g(q_s) \quad (4\text{-}53)$$

其中，$W_M \in R^{n \times n}$、$W_C \in R^{n \times n}$ 和 $W_g \in R^{n \times 1}$ 分别为 GL 矩阵，其每一个向量中的元素分别为 RBF 神经网络权值 W_{Mij}、W_{Cij} 和 W_{gi}。$\{\sigma_M(q_s)\} \in R^{n \times n}$、$\{\sigma_C(q_s, \dot{q}_s)\} \in R^{n \times n}$ 和 $\{\sigma_g(q_s)\} \in R^{n \times 1}$ 为 GL 矩阵，并且构成每一个向量的元素分别为 RBF 神经网络的激励函数。由公式(4-51)～(4-53)，从机械手的动态方程可以重新写为式(4-54)，其中 E 为各个神经网络逼近的误差之和，可以表示为 $E = E_M(q_s) + E_C(q_s, \dot{q}_s) + E_g(q_s)$。

$$[\{W_M\}^T \cdot \{\sigma_M(q_s)\}]\ddot{q}_s + [\{W_C\}^T \cdot \{\sigma_C(q_s, \dot{q}_s)\}]\dot{q}_s +$$

$$[\{W_g\}^T \cdot \{\sigma_g(q_s)\}]q_s + E + d_s(q_s) + d_w = \tau_s - J_s^T(q_s)F_e \quad (4\text{-}54)$$

【假设 4-1】：假设不确定误差项之和 $E + d_s(q_s) + d_w$ 有界，可以表示为：

$$\| E + d_s(q_s) + d_w \| \leqslant d_0 \tag{4-55}$$

其中，d_0 为未知正常数，$\| \cdot \|$ 表示欧几里得范数。定义从机械手在关节空间上对主机械手的位移跟踪误差为 $e_s(t) = q_m(t) - q_s(t)$。$s_s(t)$ 为滑模变量，定义为：

$$s_s(t) = \dot{e}_s(t) + \lambda_2 e_s(t) \tag{4-56}$$

式中，λ_2 为正定对角矩阵。从机械手位置参考变量定义为：$\dot{q}_{sr}(t) = \dot{q}_m(t) + \lambda_2 e_s(t)$。因此可得：$\ddot{q}_{sr}(t) = \ddot{q}_m(t) + \lambda_2 \dot{e}_s(t)$ 以及 $s_s(t) = \dot{q}_{sr}(t) - \dot{q}_s(t)$。将式(4-56)求时间的一阶导数，然后左乘 $M_s(q_s)$ 可得：

$$M_s(q_s)\dot{s}_s = -C_s(q_s, \dot{q}_s)s_s + d_s(\dot{q}_s) + d_w - \tau_s + J_s^T(q_s)F_e +$$
$$M_s(q_s)\ddot{q}_{sr} + C_s(q_s, \dot{q}_s)\dot{q}_{sr} + g_s(q_s) \tag{4-57}$$

因为计算式(4-57)中 $\ddot{q}_{sr}$ 需要主机械手关节位置加速度 $\ddot{q}_m(t)$，众所周知，加速度项难以测量，这里用估计值 $\hat{\ddot{q}}_m(t)$ 代替 $\ddot{q}_m(t)$。根据主机械手稳定性理论，可以得到随着 $t \to \infty$ 有 $q_m \to q_{imp}$ 和 $\dot{q}_m \to \dot{q}_{imp}$，因此 $\hat{\ddot{q}}_m(t)$ 的计算设计为：

$$\hat{\ddot{q}}_m = J_m^{-1}(q_m)\hat{\ddot{x}}_m - J_m^{-1}(q_m)\dot{J}_m(q_m)\dot{q}_m \tag{4-58}$$

式中，$\dot{x}_m$、$\hat{\ddot{x}}_m$ 的表达式分别为：$\dot{x}_m = J_m(q_m)\dot{q}_m$；$\hat{\ddot{x}}_m = M_d^{-1}(F_h - F_e - B_d\dot{x}_m)$。因为主机械手关节非冗余，因此主机械手矩阵 J_m、Ω_m 为满秩矩阵，可以得到 $\hat{\ddot{q}}_m \to \ddot{q}_{imp}$ 随着 $t \to \infty$，通过式(4-59)可以得到。Ω_m 为机械手关节空间到操作空间的映射函数。因此 $\hat{\ddot{q}}_m(t) + \lambda_2 \dot{e}_s(t)$ 计算得到。

$$\lim_{t \to \infty} \| \hat{\ddot{x}}_m(q_m(t)) - \ddot{x}_{imp}(t) \| = \lim_{t \to \infty} \| M_d^{-1}(\dot{x}_m - \dot{x}_{imp}) \| = 0 \tag{4-59}$$

为了利用 RBF 神经网络渐进逼近从机械手的非线性动力学模型，将公式(4-51)～(4-53)代入(4-57)式可以得到：

$$M_s(q_s)\dot{s}_s = -C_s(q_s, \dot{q}_s)s_s + d_s(\dot{q}_s) + d_w - \tau_s + J_s^T(q_s)F_e +$$
$$[\{W_M\}^T \cdot \{\sigma_M(q_s)\}]\ddot{q}_{sr} + [\{W_C\}^T \cdot \{\sigma_C(q_s, \dot{q}_s)\}]\dot{q}_{sr} +$$
$$[\{W_g\}^T \cdot \{\sigma_g(q_s)\}]q_s + E \tag{4-60}$$

利用 $\hat{M}_s(q_s)$、$\hat{C}_s(q_s, \dot{q}_s)$ 和 $\hat{g}_s(q_s)$ 为 $M_s(q_s)$、$C_s(q_s, \dot{q}_s)$ 和 $g_s(q_s)$ 的估计。同时不确定部分神经网络权值 $\{W_M\}$、$\{W_C\}$、$\{W_g\}$ 由估计值 $\{\hat{W}_M\}$、$\{\hat{W}_C\}$、$\{\hat{W}_g\}$ 代替。针对从机械手数学模型，所设计的控制律如下：

$$\tau_s = \tau_{s0} + \tau_{Pi} + \hat{d}_0 \text{sign}(s_s) + J_s^T(q_s)F_e$$
$$= \tau_{s0} + K_p s_s + K_i \int_0^t s_s d\mu + \hat{d}_0 \text{sign}(s_s) + J_s^T(q_s)F_e \tag{4-61}$$

将控制律 τ_{s0} 代入(4-61)式,可以得到:

$$\tau_s = \hat{M}_s(q_s)\ddot{q}_s + \hat{C}_s(q_s,\dot{q}_s)\dot{q}_s + \hat{g}_s(q_s) + K_i\int_0^t s_s\mathrm{d}\mu + \hat{d}_0\,\mathrm{sign}(s_s) + J_s^{\mathrm{T}}(q_s)F_e$$

$$= [\{\hat{W}_M\}^{\mathrm{T}} \cdot \{\sigma_M(q_s)\}]\ddot{q}_{rs} + [\{\hat{W}_C\}^{\mathrm{T}} \cdot \{\sigma_C(q_s,\dot{q}_s)\}]\dot{q}_{rs} +$$

$$[\{\hat{W}_g\}^{\mathrm{T}} \cdot \{\sigma_g(q_s)\}]q_s + K_p s_s + K_i\int_0^t s_s\mathrm{d}\mu + \hat{d}_0\,\mathrm{sign}(s_s) + J_s^{\mathrm{T}}(q_s)F_e \quad (4\text{-}62)$$

式中,K_p、K_i 为正定对角矩阵,分别表示为:$K_p = \mathrm{diag}(k_{p1},k_{p2},\cdots,k_{pn})$、$K_i = \mathrm{diag}(k_{i1},k_{i2},\cdots,k_{in})$。 其中 $\tau_{s0} = [\{\hat{W}_M\}^{\mathrm{T}} \cdot \{\sigma_M(q_s)\}]\ddot{q}_{rs} + [\{\hat{W}_C\}^{\mathrm{T}} \cdot \{\sigma_C(q_s,\dot{q}_s)\}]\dot{q}_{rs} + [\{\hat{W}_g\}^{\mathrm{T}} \cdot \{\sigma_g(q_s)\}]q_s$,表示模型估计控制律。因为神经网络输出无法保证精确逼近,逼近误差通过鲁棒控制项 $\tau_{Pi} = K_p s_s + K_i\int_0^t s_s\mathrm{d}\mu$ 来予以消除。$\hat{d}_0$ 是不确定上界 d_0 的估计值,并且 $\hat{d}_0\,\mathrm{sign}(s_s)$ 用来消除外部不确定干扰项。假设水下机械手触觉力可以测量,控制律式 $J_s^{\mathrm{T}}(q_s)F_e$ 用于消除数学模型中附加转矩项。

【定理 4-3】:设 n 自由度水下机械手的数学模型如式(4-1)所示,终端滑模函数设计为式(4-56)所示,控制律设计为式(4-61)所示,神经网络向量设计为式(4-51)~(4-53),神经网络权值自适应律设计为是(4-63),则控制律保证从机械手控制渐进稳定并且跟踪误差全局收敛于 0 随着滑模函数收敛于 $s_s(t)=0$。

$$\begin{cases} \dot{\hat{W}}_{Mk} = \Gamma_{Mk} \cdot \{\varepsilon_{Mk}(q_s)\}\ddot{q}_{sr}s_{sk} \\[2mm] \dot{\hat{W}}_{Ck} = \Gamma_{Ck} \cdot \{\varepsilon_{Ck}(q_s,\dot{q}_s)\}\dot{q}_{sr}s_{sk} \\[2mm] \dot{\hat{W}}_{gk} = \Gamma_{gk} \cdot \{\varepsilon_{gk}(q_s)\}s_{sk} \\[2mm] \dot{\hat{d}}_0 = \kappa_0\|s_{sk}\| \end{cases} \quad (4\text{-}63)$$

其中,$k=1,2,\cdots,n$,Γ_{Mk}、Γ_{Ck}、Γ_{gk} 是正定对角常数矩阵;$\hat{W}_{Mk}$、$\hat{W}_{Ck}$、$\hat{W}_{gk}$ 是列向量,表示神经网络各个模块表示的权值。

证明 设计李雅普诺夫函数为:

$$V_2 = \frac{1}{2}s_s^{\mathrm{T}}M_s(q_s)s_s + \frac{1}{2}\left(\int_0^t s_s\mathrm{d}\mu\right)\mathrm{T}K_{pi}\left(\int_0^t s_s\mathrm{d}\mu\right) + \frac{1}{2}\sum_{k=1}^n \tilde{W}_{Mk}^{\mathrm{T}}\Gamma_{Mk}^{-1}\tilde{W}_{Mk} +$$

$$\frac{1}{2}\sum_{k=1}^n \tilde{W}_{Ck}^{\mathrm{T}}\Gamma_{Ck}^{-1}\tilde{W}_{Ck} + \frac{1}{2}\sum_{k=1}^n \tilde{W}_{gk}^{\mathrm{T}}\Gamma_{gk}^{-1}\tilde{W}_{gk} + \frac{1}{2\kappa_0}(\hat{d}_0 - d_0)^2 \quad (4\text{-}64)$$

Γ_{Mk}、Γ_{Ck}、Γ_{gk} 为如上所述的正定对角常数矩阵,$\tilde{W}_{Mk} = W_{Mk} - \hat{W}_{Mk}$,$\tilde{W}_{Ck} = W_{Ck} - \hat{W}_{Ck}$,$\tilde{W}_{gk} = W_{gk} - \hat{W}_{gk}$ 表示对应的误差项,$\hat{W}_{Mk}$,$\hat{W}_{Ck}$,$\hat{W}_{gk}$ 表示对应的 W_{Mk},W_{Ck},W_{gk} 估计值,W_{Mk},W_{Ck},W_{gk} 分别表示第 k 个神经元权值。很明显 V_2 是正定的,对式(4-64)求关

于时间的导数，得：

$$\dot{V}_2 = s_s^T M_s(q_s)\dot{s}_s + \frac{1}{2}s_s^T \dot{M}_s(q_s)s_s + s_s^T K_{pi}(\int_0^t s_s \mathrm{d}\mu) - \sum_{k=1}^n \widetilde{W}_{Mk}^T \Gamma_{Mk}^{-1}\dot{\widetilde{W}}_{Mk} -$$

$$\sum_{k=1}^n \widetilde{W}_{Ck}^T \Gamma_{Ck}^{-1}\dot{\widetilde{W}}_{Ck} - \sum_{k=1}^n \widetilde{W}_{gk}^T \Gamma_{gk}^{-1}\dot{\widetilde{W}}_{gk} + \frac{1}{\kappa_0}(\hat{d}_0 - d_0)\dot{\hat{d}}_0 \tag{4-65}$$

将式(4-60)代入式(4-65)，并利用机器人 $\dot{M}_s(q_s) - \frac{1}{2}C_s(q_s,\dot{q}_s)$ 为反对称矩阵的性质，可得：

$$\dot{V}_2 = s_s^T[-\tau_s + d_s(\dot{q}_s) + d_w + E + [\{W_M\}^T \cdot \{\sigma_M(q_s)\}]\ddot{q}_{rs} +$$

$$[\{W_C\}^T \cdot \{\sigma_C(q_s,\dot{q}_s)\}]\dot{q}_{rs} + [\{W_g\}^T \cdot \{\sigma_g(q_s)\}]q_s +$$

$$K_{pi}(\int_0^t s_s \mathrm{d}\mu)] - \sum_{k=1}^n \widetilde{W}_{Mk}^T \Gamma_{Mk}^{-1}\dot{\widetilde{W}}_{Mk} - \sum_{k=1}^n \widetilde{W}_{Ck}^T \Gamma_{Ck}^{-1}\dot{\widetilde{W}}_{Ck} -$$

$$\sum_{k=1}^n \widetilde{W}_{gk}^T \Gamma_{gk}^{-1}\dot{\widetilde{W}}_{gk} + \frac{1}{\kappa_0}(\hat{d}_0 - d_0)\dot{\hat{d}}_0 \tag{4-66}$$

将设计的控制律代入式(4-66)，可得：

$$\dot{V}_2 = -s_s^T K_p s_s - s_s^T \hat{d}_0 \mathrm{sign}(s_s) + s_s^T[d_s(\dot{q}_s) + d_w + E] +$$

$$s_s^T[[\{\widetilde{W}_M\}^T \cdot \{\sigma_M(q_s)\}]\ddot{q}_{rs} + [\{\widetilde{W}_C\}^T \cdot \{\sigma_C(q_s,\dot{q}_s)\}]\dot{q}_{rs} +$$

$$[\{\widetilde{W}_g\}^T \cdot \{\sigma_g(q_s)\}]q_s] - \sum_{k=1}^n \widetilde{W}_{Mk}^T \Gamma_{Mk}^{-1}\dot{\widetilde{W}}_{Mk} -$$

$$\sum_{k=1}^n \widetilde{W}_{Ck}^T \Gamma_{Ck}^{-1}\dot{\widetilde{W}}_{Ck} - \sum_{k=1}^n \widetilde{W}_{gk}^T \Gamma_{gk}^{-1}\dot{\widetilde{W}}_{gk} + \frac{1}{\kappa_0}(\hat{d}_0 - d_0)\dot{\hat{d}}_0 \tag{4-67}$$

由于：

$$s_s^T[\{\widetilde{W}_M\}^T \cdot \{\sigma_M(q_s)\}]\ddot{q}_{rs} = \begin{bmatrix} s_{s1} & s_{s2} & \cdots & s_{sn} \end{bmatrix} \begin{bmatrix} \{\widetilde{W}_{M1}\}^T \cdot \{\sigma_{M1}(q_s)\}\ddot{q}_{rs} \\ \{\widetilde{W}_{M2}\}^T \cdot \{\sigma_{M2}(q_s)\}\ddot{q}_{rs} \\ \vdots \\ \{\widetilde{W}_{Mn}\}^T \cdot \{\sigma_{Mn}(q_s)\}\ddot{q}_{rs} \end{bmatrix}$$

$$= \sum_{k=1}^n \{\widetilde{W}_{Mk}\}^T\{\sigma_{Mk}(q_s)\}\ddot{q}_{rs}s_{sk} \tag{4-68}$$

根据同样的方式，可得：

$$s_s^T[\{\widetilde{W}_C\}^T \cdot \{\sigma_C(q_s,\dot{q}_s)\}]\dot{q}_{rs} = \sum_{k=1}^n \{\widetilde{W}_{Ck}\}^T\{\sigma_{Ck}(q_s,\dot{q}_s)\}\dot{q}_{rs}s_{sk} \tag{4-69}$$

$$s_s^T[\{\widetilde{W}_g\}^T \cdot \{\sigma_g(q_s)\}]q_{rs} = \sum_{k=1}^n \{\widetilde{W}_g\}^T\{\sigma_{Ck}(q_s)\}q_{rs}s_{sk} \tag{4-70}$$

因此李雅普诺夫函数的一阶导数式(4-67)可以重新写为：

$$
\begin{aligned}
\dot{V}_2 = &-s_s^{\mathrm{T}} K_p s_s - s_s^{\mathrm{T}} \hat{d}_0 \operatorname{sign}(s_s) + s_s^{\mathrm{T}}[d_s(\dot{q}_s) + d_w + E] + \\
&\sum_{k=1}^{n} \{\widetilde{W}_{Mk}\}^{\mathrm{T}} \{\sigma_{Mk}(q_s)\} \ddot{q}_{rs} s_{sk} + \sum_{k=1}^{n} \{\widetilde{W}_{Ck}\}^{\mathrm{T}} \{\sigma_{Ck}(q_s, \dot{q}_s)\} \dot{q}_{rs} s_{sk} + \\
&\sum_{k=1}^{n} \{\widetilde{W}_g\}^{\mathrm{T}} \{\sigma_{Ck}(q_s)\} q_{rs} s_{sk} - \sum_{k=1}^{n} \widetilde{W}_{Mk}^{\mathrm{T}} \Gamma_{Mk}^{-1} \dot{\widetilde{W}}_{Mk} - \sum_{k=1}^{n} \widetilde{W}_{Ck}^{\mathrm{T}} \Gamma_{Ck}^{-1} \dot{\widetilde{W}}_{Ck} - \\
&\sum_{k=1}^{n} \widetilde{W}_{gk}^{\mathrm{T}} \Gamma_{gk}^{-1} \dot{\widetilde{W}}_{gk} + \frac{1}{\kappa_0}(\hat{d}_0 - d_0) \dot{\hat{d}}_0
\end{aligned} \tag{4-71}
$$

根据假设 4-1，不确定误差项之和 $E + d_s(q_s) + d_w$ 有界，有 $\| E + d_s(q_s) + d_w \| \leqslant d_0$。我们可以得：

$$
s_s^{\mathrm{T}}[E + d_s(q_s) + d_w] \leqslant \| s_s \| \| E + d_s(q_s) + d_w \| \leqslant \| s_s \| d_0 \tag{4-72}
$$

将神经网络自适应律代入式(4-71)，利用式(4-72)不等式，可以得到式(4-73)。

$$
\begin{aligned}
\dot{V}_2 &= -s_s^{\mathrm{T}} K_p s_s - s_s^{\mathrm{T}} \hat{d}_0 \operatorname{sign}(s_s) + s_s^{\mathrm{T}}[d_s(\dot{q}_s) + d_w + E] + (\hat{d}_0 - d_0)\| s_s \| \\
&= -s_s^{\mathrm{T}} K_p s_s + s_s^{\mathrm{T}}[d_s(\dot{q}_s) + d_w + E] - d_0 \| s_s \| \\
&\leqslant -s_s^{\mathrm{T}} K_p s_s \leqslant 0
\end{aligned} \tag{4-73}
$$

因为李雅普诺夫函数式(4-64)正定($V_2 > 0$)，关于时间的一阶导数式(4-73)半负定 ($\dot{V}_2 \leqslant 0$)，利用 Barbalat 定理可以得到 $\lim\limits_{t \to \infty} V_2(t) = 0$。因此，当 $t \to \infty$ 时滑模变量渐近收敛于滑模面 $s_s = 0$。当 $t \to \infty$ 时 $e_s = 0$ 与 $\dot{e}_s = 0$ 随着滑模面 $s_s = 0$。

4.4 仿真及试验验证

为了验证所设计的主手自适应阻抗控制、从手滑模自适应神经网络控制的效果，搭建了二关节自由度主、从机械手系统仿真平台。根据主从机械手系统的模型以及控制要求，在 MATLAB/Simulink 实现了仿真试验验证。二关节遥操作系统的仿真示意图如图 4-3 所示。

4.4.1 机械手数学模型及控制律参数

主从机械书惯性矩阵可以表示为：$M_i(q_i) = [M_{11}(q_i) \ M_{12}(q_i); M_{21}(q_i) \ M_{22}(q_i)]$，并且惯性矩阵中的每一个元素可以表示为：

$$
\begin{aligned}
M_{11}(q_i) &= (m_1 + m_2) l_1^2 + m_2 l_2^2 + 2 m_2 l_1 l_2 \cos(q_{i2}) \\
M_{12}(q_i) &= m_2 l_2^2 + m_2 l_1 l_2 \cos(q_{i2}) \\
M_{21}(q_i) &= m_2 l_2^2 + m_2 l_1 l_2 \cos(q_{i2}) \\
M_{22}(q_i) &= m_2 l_2^2
\end{aligned} \tag{4-74}
$$

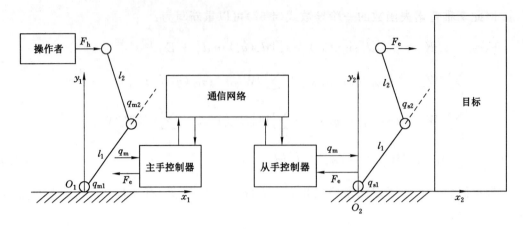

图 4-3　遥操作系统仿真模型图

在公式(4-1)中离心力和哥式力矩阵 $C_i(q_i, \dot{q}_i)$ 可以表示为：$C_i(q_i, \dot{q}_i) = [C_{11}(q_i, \dot{q}_i)$ $C_{12}(q_i, \dot{q}_i); C_{21}(q_i, \dot{q}_i) C_{22}(q_i, \dot{q}_i)]$。每一个元素可以表示为：

$$C_{11}(q_i, \dot{q}_i) = -m_2 l_1 l_2 \cos(q_{i2}) \dot{q}_{i2}$$

$$C_{12}(q_i, \dot{q}_i) = -m_2 l_1 l_2 sin(q_{i2})(\dot{q}_{i1} + \dot{q}_{i2})$$

$$C_{21}(q_i, \dot{q}_i) = m_2 l_1 l_2 sin(q_{i2}) \dot{q}_{i2}$$

$$C_{22}(q_i, \dot{q}_i) = 0$$

(4-75)

重力转矩向量 $g_i(q_i) = [g_{11}(q_{i1}); g_{12}(q_{i2})]$ 可以表示为：

$$g_{11}(q_{i1}) = (m_1 + m_2) l_1 g \cos(q_{i2}) + m_2 l_2 g \cos(\cos(q_{i1}) + \cos(q_{i2}))$$

$$g_{21}(q_{i1}) = m_2 l_2 g \cos(\cos(q_{i1}) + \cos(q_{i2}))$$

(4-76)

g 代表重力加速度，取 $g = 9.8 \text{ N/s}^2$。主、从机械手分别有黏性摩擦与库仑摩擦力矩，主、从机械手黏性摩擦与库仑摩擦力矩 d_m 与 d_s 分别设计为：

$$d_m = \begin{bmatrix} d_{m1} \\ d_{m2} \end{bmatrix} = \begin{bmatrix} 10\dot{q}_{m1} + 5\text{sign}(\dot{q}_{m1}) \\ 10\dot{q}_{m2} + 5\text{sign}(\dot{q}_{m2}) \end{bmatrix}$$

(4-77)

$$d_s = \begin{bmatrix} d_{s1} \\ d_{s2} \end{bmatrix} = \begin{bmatrix} 20\dot{q}_{s1} + 10\text{sign}(\dot{q}_{s1}) \\ 20\dot{q}_{s2} + 10\text{sign}(\dot{q}_{s2}) \end{bmatrix}$$

(4-78)

d_m 与 d_s 的转矩单位分别为 N·m。从机械手由于受到水阻力以及洋流影响产生的不确定外部干扰转矩 d_w 设计为随机函数，表示为：

$$d_w = \begin{bmatrix} d_{w1} \\ d_{w2} \end{bmatrix} = \begin{bmatrix} 2(\text{rand} - 0.5) \\ 2(\text{rand} - 0.5) \end{bmatrix}$$

(4-79)

rand 表示生成区间 [0　1] 之间的随机数。从机械手跟踪主机械手运动，可以分为自由空间运动以及与环境接触受限运动。只考虑运动位置对 F_e 的影响,从机械手在与环境接触时,环境受力可以看成无源的线性弹簧,接触力 F_e 可以表示为:

$$F_e = \begin{cases} k_e(x_s - x_e) & x_s \geqslant x_e \\ 0 & x_s < x_e \end{cases} \tag{4-80}$$

式中, x_e 表示从机械手与接触环境的位置; k_e 表示抓取目标的刚度系数。当 $x_s < x_e$ 时,主手、从手的运动处于自由空间状态;当 $x_s \geqslant x_e$ 时可以看成从机械手与环境接触,产生触觉力。这里假设机械手末端与环境接触产生的触觉力,并且触觉力信号可测。设定 x_e 为 1.5 cm, $k_e = 100$ N/m。

设定主机械手的物理参数为 $m_1 = 1$ kg, $m_2 = 1$ kg 并且 $l_1 = l_2 = 1$ cm。在主机械手控制器中,设定期望的阻抗参数为 $M_d = \text{diag}(1,1)$, $B_d = \text{diag}(10,10)$,滑模变量系数 $\lambda_1 = \text{diag}(30,30)$,自适应律 $a_0 = 10$, $\beta_0 = 10$,一阶滤波器带宽参数 $a = 2$。初始运动参数设定为 $q_{m1}(0) = 60°$, $\dot{q}_{m1}(0) = 0°/s$, $q_{m2}(0) = 60°$, $\dot{q}_{m2}(0) = 0°/s$。回归矩阵 Y_m 通过 $Y_m = [Y_{11} \ Y_{12} \ Y_{13}; Y_{21} \ Y_{22} \ Y_{23}]$ 得到, Y_m 中每一个元素值可以表示为:

$Y_{11} = \ddot{q}_{m1} + g\cos(q_{m2})/l_1$

$Y_{12} = \ddot{q}_{m1} + \ddot{q}_{m2}$

$Y_{13} = 2\ddot{q}_{m1}\cos(q_{m2}) + 2\ddot{q}_{m2}\cos(q_{m2}) - \dot{q}_{m2}\dot{q}_{m1}\sin(q_{m2}) - (\dot{q}_{m2} + \dot{q}_{m1})\dot{q}_{m2}\sin(q_{m2}) + g\cos(q_{m2} + q_{m1})/l_1$

$Y_{21} = 0$

$Y_{22} = \ddot{q}_{m1} + \ddot{q}_{m2}$

$Y_{23} = \dot{q}_{m1}\dot{q}_{m2}\sin(q_{m2}) + \ddot{q}_{m1}\cos(q_{m2}) + g\cos(q_{m2} + q_{m1})/l_1$

主机械手雅克比矩阵可以定义为: $J_m(q_m) = [J_{11} \ J_{12}; J_{21} \ J_{22}]$。并且 $J_m(q_m)$ 中的每一个元素可以表示为:

$$J_{11} = -l_1\sin(q_{m1}) - l_2\sin(q_{m1} + q_{m2})$$

$$J_{12} = -l_2\sin(q_{m1} + q_{m2})$$

$$J_{21} = l_1\cos(q_{m1}) + l_2\cos(q_{m1} + q_{m2})$$

$$J_{22} = l_2\cos(q_{m1} + q_{m2})$$

将机械手各个关节质量、长度等物理参数设定为: $m_1 = m_2 = 1$ kg 并且 $l_1 = l_2 = 1$ cm。针对从机械手 $M_s(q_s)$ 和 $g_s(q_s)$ 中的每一个元素,建立了一个包含 5 个节点的 RBF 神经网络来逼近真实值,其中神经网络的输入参数为两个关节的旋转角度 q_{s1} 和 q_{s2}。针对从机械手 $C_s(q_s, \dot{q}_s)$ 中的每一个元素,建立了一个包含 5 个节点的 RBF 神经网络来逼近真实值,其中神经网络的输入参数为两个关节的旋转角度及角速度 q_{s1}、q_{s2}、

$\dot{q}_{s1}$、$\dot{q}_{s2}$。神经网络参数 b_i 选择固定值 3，并要求 c_i 选择在区间 $-2 < c_i < 2$ 范围内。滑模变量参数 $\lambda_2 = \mathrm{diag}(10,10)$，神经网络鲁棒控制项 $K_p = \mathrm{diag}(0.05,0.05)$，$K_i = \mathrm{diag}(0.05,0.05)$。自适应控制律中的参数 $\Gamma_M = \mathrm{diag}(0.05,0.05)$，$\Gamma_C = \mathrm{diag}(0.05,0.05)$，$\Gamma_g = \mathrm{diag}(0.05,0.05)$，$\kappa_0 = 0.1$，$\hat{d}_0 = 0.5$。将机械手初始运动参数设定为 $q_{s1}(0) = 60°$，$\dot{q}_{s1}(0) = 0°/\mathrm{s}$，$q_{s2}(0) = 60°$，$\dot{q}_{s2}(0) = 0°/\mathrm{s}$。

4.4.2　仿真验证

在第一个仿真试验中，为了更好地验证控制效果，在主机械手末端操作空间 y 轴方向施加作用力，x 轴方向不施加作用力。施加作用力 F_h 为正弦信号，表示为 $F_h = 10(1 + \sin(0.1t))\,N$，仿真时间设定为 100 s，观察力位移跟踪效果如图 4-4～图 4-10 所示。

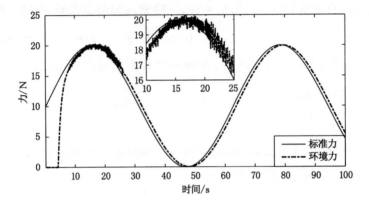

图 4-4　遥操作主、从手力跟踪曲线图

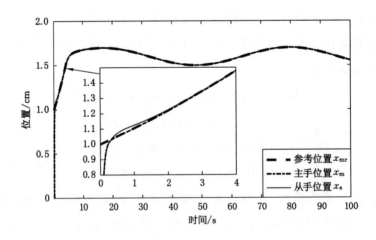

图 4-5　主、从手参考位置、位置跟踪曲线图

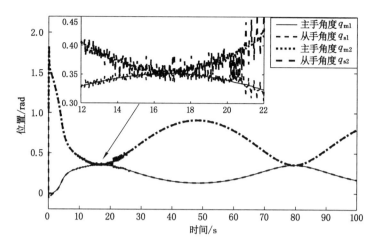

图 4-6　主、从手角度跟踪曲线图

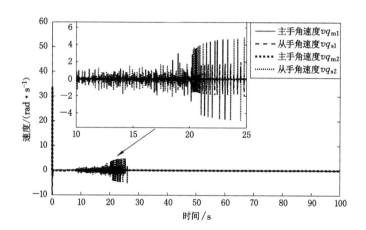

图 4-7　主、从手角速度跟踪曲线图

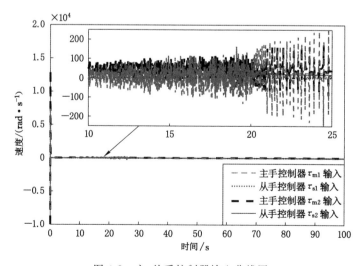

图 4-8　主、从手控制器输入曲线图

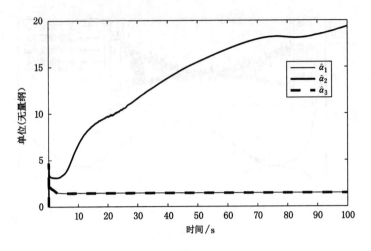

图 4-9　主手不确定参数估计曲线图

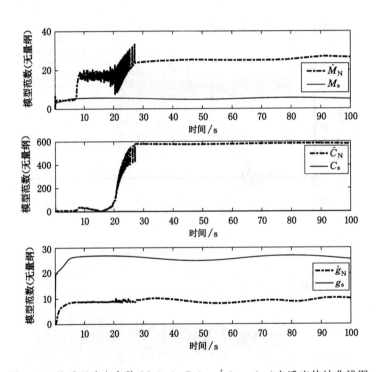

图 4-10　从手不确定参数 $M_s(q_s)$、$C_s(q_s,\dot{q}_s)$、$g_s(q_s)$ 自适应估计曲线图

图 4-4、4-5 为操作空间下力、位移跟踪曲线图。图 4-6、4-7 为关节坐标下位移、速度跟踪曲线图，图 4-8 为控制输入曲线图，图 4-9、4-10 为主从机械手自适应估计率。图 4-11 为主、从机械手干扰转矩曲线图。

在自由空间运动以及在与目标触碰的约束运动，从机械手都能够保证对主机械手的位置跟踪，并且在主机械手上与操作者之间的力信号与从手与目标之间的力值协调

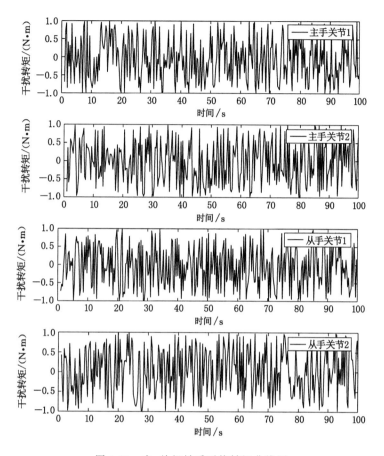

图 4-11 主、从机械手干扰转矩曲线图

一致相等,使操作者能够保证感受从机械手的力信息。

同理,期望的阻抗模型实现了参考位置输出,并且通过主手自适应控制满足主机械手位置对参考位置在操作空间下的跟踪。从手初始位置位于与抓取目标不接触的自由位置,跟踪主机械手位置运动到 1.5 cm 时实现于抓取目标交互,此时从手依然实现对主手的位置跟踪,此时主手上开始感受到从手的反馈力,直到主手力信号与从手力信号误差渐近收敛于 0。

由图 4-4~4-5 可知,主手力跟踪、从手位置跟踪静态误差≤1%,整体跟踪无超调量。主手上力释放后,从手、主手最终静止在与环境临界接触的 1.5 cm 处位置,从手依然能保证位置跟踪,同时主手实现对从手的力跟踪。由图 4-9~4-10 可知,主、从机械手自适应律输出参数有界,不确定参数估计不需要设定初始估计值,就保证了估计值有效性能,实现系统控制稳定。

由图 4-4~4-7 可知,在系统模型不确定以及外部干扰条件下,整体系统仍然保证从手对主手的力跟踪以及从手对主手的位置跟踪。主手内部不确定自适应律以及外部干扰上界不确定自适应律对外部干扰以及自身模型不定性的补偿,满足了鲁棒稳定性特征。

为了验证从机械手控制器鲁棒性能以及从手模型不确定下的跟踪性,考虑从手的复杂环境,增加了从手质量摄动特性,验证仿真效果。在仿真过程中,从手质量设计为时间的函数,分别为 $m_1(t)=1+0.1\sin(t)$, $m_2(t)=1+0.1\cos(t)$。从机械手质量变化曲线、主从手力与位置跟踪曲线分别如图 4-12～图 4-14 所示。

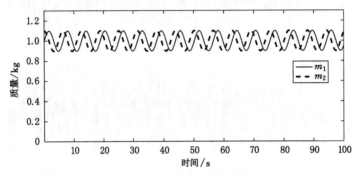

图 4-12　从手质量变化曲线图

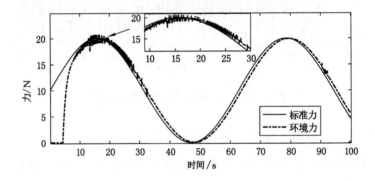

图 4-13　从手质量变化下力跟踪曲线图

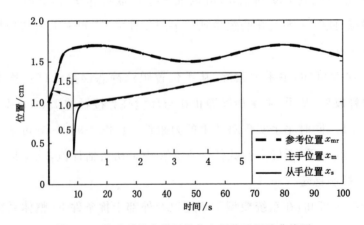

图 4-14　从手质量变化下操作空间位置跟踪曲线图

由图 4-12～图 4-14 很明显地可以看出,提出的自适应双边控制器保证主、从手位置跟踪渐近收敛特征。

在参数设定以及外部不确定干扰条件下,从机械手神经网络自适应控制器可以有效地控制从手不确定非线性动态系统。所以从手在水下复杂环境下控制器保证了从手跟踪的鲁棒性。

4.4.3　试验验证

通过仿真可知,所提出的主机械手自适应阻抗控制、从机械手神经网络自适应控制使遥操作系统具有很好的力、位移跟踪能力。为了更好地验证控制器的控制性能,保证控制器的可使用性,笔者设计了单自由度空间下的遥操作试验系统。通过所设计的自适应控制律来完成整体控制性能,与遥操作仿真中的二自由度遥操作仿真平台类似,利用实时控制方式的整体控制系统结构图如图 4-15 所示。

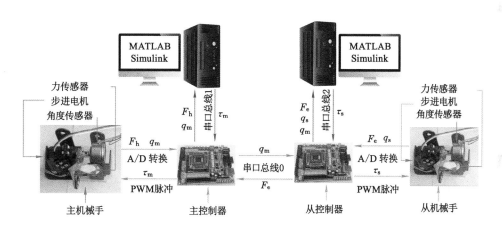

图 4-15　单关节自由度遥操作试验平台结构图

单关节连杆由电机驱动实现旋转,角度传感器与连杆同轴连接实现旋转角度测量,在连杆的末端安装压电薄膜式触觉力传感器,实现触觉力测量。主手控制器通过 A/D 转换实现对角度信号、触觉力信号测量,同时通过串口通信 0 实现对从机械手控制器发送来的从机械手触觉力数据以及往串口通信 0 发送主机械手位置信号作为从机械手跟踪目标。主手控制器将主手触觉力、从手触觉力、主手关节位置通过串口通信 1 发送至主计算机 Matlab/Simulink 环境实现主手阻抗自适应控制律计算,Matlab/Simulink 环境将计算后的控制律通过串口通信 1 发送至主手控制器,主手控制器换算成 PWM 脉冲实现对主机械手步进电机控制。串口通信发送与接收包含通信协议,实现数据的识别。

从机械手控制器通过串口通信 0 获取主机械手位置信号,通过 A/D 转换实现对角度信号、环境力信号测量,然后通过串口通信 2 将主手位置信号、从手位置信号、从手环境力信号发送至从手计算机 Matlab/Simulink,实现神经网络自适应控制律计算,然后 Matlab/Simulink 再将计算后的控制律通过串口通信 2 发送至从手控制器,从手控制器换算成 PWM 脉冲实现对从机械手步进电机控制。

由于主、从手控制器内部 RAM 空间限制以及控制律移植的困难性,主、从控制器只实现数据的采集与传输,不作控制律的计算,同时将需要的数据传输给各自 Matlab/Simulink,实现控制律计算。Matlab/Simulink 具有多线程运行条件,并且具有 Instrument Control Toolsbox 创建串口通信功能,实现数据接收与发送,进而实现与外部环境交互,完成对输入信号的控制律计算。Matlab/Simulink 环境不需要过多的操作,只需要将定时读取串口接收缓冲区的数据以及往串口缓冲区发送数据就可以完成串口数据的接收与发送操作。由于速度、加速度信号没有测量,这里通过 Matlab/Simulink 环境计算实现。

主、从机械手控制板选择一样,以 Msp430F149 作为微控制器,具有多路 A/D 转换采集、两路串口通信模块以及定时器、PWM 发生功能。触觉力传感器选用 FSR402 压电薄膜传感器,与触觉力呈现负相关关系,通过试验在手指力作用下其阻值变化范围为 200 Ω~2 kΩ,利用串联分压实现力信号采集(见图 2-17)。

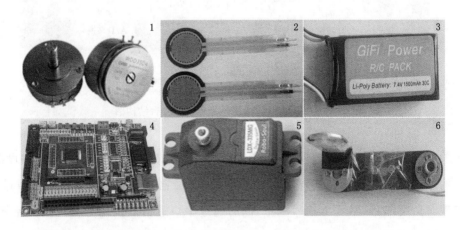

1—角度传感器;2—主手触觉力传感器;3—水下触觉力传感器;4—微控制器;5—步进电机;6—拨杆。

图 4-16 遥操作试验装置元器件示意图

考虑 A/D 转换参考电压 2.5 V,供电电压 3.3 V,选择串联电阻 6.1 kΩ,采集 6.1 kΩ 电阻的分压值实现对触觉力信号采集。角度传感器利用精密导电电位器,相当于一个滑动变阻器实现 360°角度测量。可以实现 0.1% 精度角位移输出,最大阻值

2 kΩ,加 3.3 V 电压经过 A/D 转换实现信号采集。

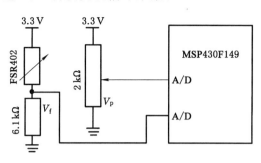

图 4-17　触觉力与位置信号采集示意图

步进电机选择大扭矩输出数字步进电机,其堵转扭矩为 1.67 N·m,输出角旋转范围 0°～270°。步进电机驱动选用锂电池供电。步进电机通过微控制器产生的 PWM 脉冲实现角度控制,PWM 脉冲周期 20 ms,脉冲宽度范围 0.5～2.5 ms。在试验过程中,为了在操作主机械手端更能直接感受从机械手抓取目标的软硬程度,从手触觉力的获取通过计算出虚拟力而替代触觉力传感器测量触觉力。将从手触觉力 F_e 表示为角位移的函数,如式(4-81)所示,k_e 为虚拟弹簧系数。从手位移与触觉力为线性函数关系,位移越大,则触觉力越大,类似于抓取了一个弹簧。设置不同的弹性系数,实现不同刚度材质物体抓取,可以感受从手端抓取样本的软硬程度。

$$F_e = \begin{cases} k_e(200 - q_s) & q_s < 200 \\ 0 & q_s \geqslant 200 \end{cases} \tag{4-81}$$

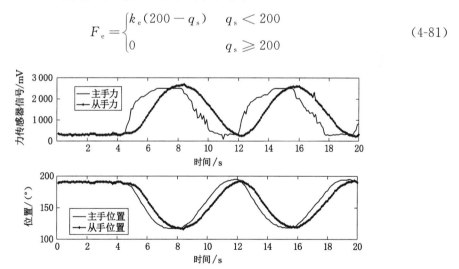

图 4-18　虚拟力反馈试验跟踪曲线图($k_s = 3.2$)

由图 4-18～图 4-20 可知,从机械手在受到触觉力条件下,依然保证对主机械手的位置跟踪,具有响应快、超调量小、无静态误差的特点。主机械手操作者触觉力保证了对从机械手触觉力的协调一致,保证了从手力在操作者手指上的直接感知。当主机械

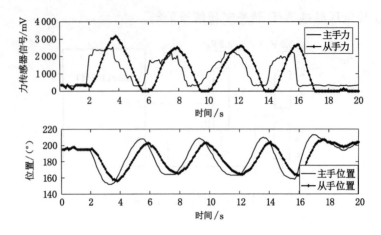

图 4-19　虚拟力反馈试验跟踪曲线图($k_s = 7.2$)

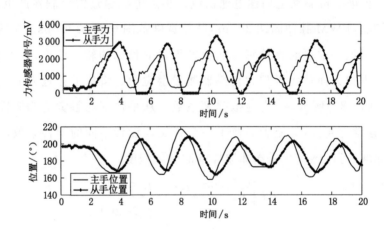

图 4-20　虚拟力反馈试验跟踪曲线图($k_s = 9.2$)

手上的力释放后,主从机械手力-位置信息保持一致,停留在触碰目标临界位置。

由图 4-18～图 4-20 可知,在主手上施加最大的触觉力信号 2 500 mV 时候,主手关节转动的最大角度范围由弹性系数 $k_s = 3.2$ 的 197°～118°到弹性系数 $k_s = 9.2$ 时的旋转范围 197°～164°,转动角度范围的缩小说明从手抓取目标的硬度变硬。因此整体系统具有在实现力-位移跟踪协同一致的同时还能真实感知抓取目标的刚度,具有远程操作下的沉浸感。

4.5　本章小结

本章针对主从机械手遥操作过程中,主手存在关节摩擦、从手存在关节摩擦以及外部不确定干扰造成模型不确定问题,提出了新的自适应阻抗控制方法。其中,为了实现主机械手上对从手的触觉力跟踪,主手设计了一种新的模型参考自适应阻抗控制并且通过 BGF(有界-增益-遗忘)混合自适应律实现自适应阻抗控制方法。通过设计输入为操作者作用力与环境力的误差的二阶阻抗模型实现操作空间下期望位置的输出,基于非线性模型逼近的自适应滑模控制包括有界-增益-遗忘的自适应律实现了主手位置对期望位置跟踪,通过李雅普诺夫稳定判据证明了主手控制的渐进跟踪能力以及稳定性能。

从机械手设计了基于 RBF 神经网络逼近的终端滑模自适应控制律。利用 RBF 神经网络直接逼近机械手动态方程中的每一个元素,自适应控制包括合适的更新率以及设计鲁棒控制律来抑制神经网络的逼近误差,并且通过不确定上界估计率实现对外部有界不确定干扰以及关节摩擦干扰的抑制,通过李雅普诺夫稳定判据证明了跟踪渐近收敛以及全局稳定能力。结果表明设计的主从机械手控制器使整体遥操作系统具有很好的力、位移跟踪能力以及实现全局的稳定性。

为了更好地检验所设计控制律的自适应能力以及主从手力、位置跟踪性能,搭建了单自由度遥操作试验平台。通过主、从微控制器分别采集对应主、从机械手力传感器及位置传感器信息,利用上位机 Matlab/Simulink 软件实现控制律计算并通过串口通信实现控制律数据传送至对应的控制器完成主从机械手控制,试验表明,主、从机械手具有力位移协同一致的功能。

5 水下机械手不确定遥操作双边控制

5.1 引　　言

遥操作系统中的关节摩擦是影响遥操作透明性的重要因素,从机械手端所受环境力比较小时,主端由于摩擦的作用并不能将该作用力完好地反馈给操作者。并且由于遥操作系统一般由减速电机等驱动部件组成,使得系统的摩擦特性存在很大的非线性。水下机械手运动过程受到水阻力等不确定扰动,给保证系统全局稳定并实现主、从手力-位移跟踪的遥操作控制律设计带来困难。由于不确定性的存在,使得机器人数学模型无法真实得知,无法通过线性系统的伺服控制理论设计控制器。不确定遥操作控制在保证整体系统稳定性前提下,提高透明性及鲁棒性,将位置、力信号在从机械手、主机械手上同步复现,依然是整体控制目标[135]。

假设操作者与被操作对象无源,主从式遥操作系统可以看作外环实现主手力跟踪、内环从手位置跟踪的双闭环控制系统。其控制主要有基于力反馈[136]以及位置反馈[137]两种反馈方式,实现主手与从手上力和位置的协同一致。为了解决遥操作控制中存在的模型不确定及外部干扰等问题,国内外很多学者提出了不同的控制方法[138,139]。针对机械手双边遥操作系统从手不确定干扰问题,Park 等[140,141]提出了从手阻抗控制与积分滑模消除从手不确定干扰问题实现了力位移跟踪,但是没有考虑主手关节摩擦以及外部不确定问题。郭语[142]在 Park 的基础之上,针对主手的不确定问题,提出了主手端扰动观测器的双边阻抗控制自适应控制。然而其控制律设计以质量-阻尼线性系统为基础,该系统在水平面内操作具有很好的效果,但没考虑受重力影响的非线性动力学模型控制律设计的问题,对二维竖直平面受到重力影响存在控制不确定性。Majtaba 考虑主、从机器人的非线性动力学模型[143,144],针对关节摩擦引起的模型不确定问题,提出了自适应双边控制方法并应用到康复训练遥操作过程中,但是没考虑外部干扰引起的不确定问题。针对速度不可测以及不确定动态方程问题,Yana Yang 提出了基于速度观测器的神经网络不确定补偿的鲁棒滑模控制[145],实现了主从手力位置同步。

上一章针对主手存在关节摩擦和参数不确定引起的模型不确定问题,以及从手存在关节摩擦及水流引起的不确定干扰问题设计了主手自适应阻抗控制,从手 RBF 神经网络分块逼近自适应控制。然而,没有研究主手存在不确定干扰的问题,笔者针对主手存在不确定干扰问题,设计了不确定自适应双边控制策略。

本章针对水下机械手双边遥操作过程中主、从机械手动态模型不确定及外部干扰问题,实现操作过程中柔顺性性能,提出了双边自适应阻抗控制策略。建立线性二阶微分方程的参考阻抗模型,其中,主机械手将操作者施加力与从手与抓取目标作用力的差作为输入,从机械手阻抗模型将从手与抓取目标作用力作为输入,将主、从手参考阻抗模型的动态响应期望位置作为主、从机械手末端的操作空间下的位置跟踪目标,并且设计了主从手控制律。通过自适应调节补偿参数的不确定性,针对外部干扰,设计了自适应上界估计率,利用基于滑模控制的自适应律来抑制不确定误差及外部干扰作用,实现了模型不确定性及外部干扰下的鲁棒性能。所设计的控制律不需要准确知道双机械手的准确数学模型,不需要知道主从机械手的不确定干扰上界,只需要保证主从手力测量的准确性、主从机械手位置、关节长度的准确测量,实现主从手力位移跟踪渐进收敛特征。

5.2 数学模型及基本属性

n 自由度主、从机械手关节空间非线性动力学模型可描述为:

$$\begin{cases} M_m(q_m)\ddot{q}_m + C_m(q_m,\dot{q}_m)\dot{q}_m + g_m(q_m) + F_m(\dot{q}_m) = \tau_m + d_m - J_m^T(q_m)F_h \\ M_s(q_s)\ddot{q}_s + C_s(q_s,\dot{q}_s)\dot{q}_s + g_s(q_s) + F_s(\dot{q}_s) = \tau_s + d_s - J_s^T(q_s)F_e \end{cases} \tag{5-1}$$

式中,$i=m$、s 表示主、从机械手标识;q_i、$\dot{q}_i$、$\ddot{q}_i$ 分别为主、从机械手关节的位置、速度和加速度;$M_i(q_i)$、$C_i(q_i,\dot{q}_i)$、$g_i(q_i)$、$F_i(\dot{q}_i)$、$J_i(q_i)$ 分别为主、从机械手的惯性量、离心力与哥氏力的和、重力项、摩擦力矩以及雅克比矩阵;$d_m(\dot{q}_m)$、$d_s(\dot{q}_s)$ 分别为主、从机械手未知有界干扰转矩;设主、从机械手的摩擦力矩 $F_i(\dot{q}_i)$ 主要来自内部关节摩擦,可表示为:$F_i(\dot{q}_i)=D_i\dot{q}_i+N_i\,\text{sign}(\dot{q}_i)$,$D_i$ 和 N_i 分别表示黏滞系数和库伦摩擦系数;τ_m、τ_s 为控制输入转矩,即机械手关节转动的驱动力;F_h 为操作者施加力;F_e 是水下机械手与抓取目标的接触力；F_h、F_e 通过触觉力传感器可测。主、从机械手操作空间与关节空间的换算有：

$$\begin{cases} x_i = \Omega_i(q_i) \\ \dot{x}_i = J_i(q_i)\dot{q}_i \\ \ddot{x}_i = J_i(q_i)\ddot{q}_i + \dot{J}_i(q_i)q_i \end{cases} \tag{5-2}$$

设 x_i 为机械手操作空间下位置，设 x_i 与 q_i 同维，即设机械手为非冗余，$J_i(q_i) = \mathrm{d}\Omega_i(q_i)/\mathrm{d}q_i$ 为非奇异矩阵。将式(5-2)代入式(5-1)，整理可得机械手在操作空间的动力学方程：

$$\begin{cases} M_\mathrm{mx}(q_\mathrm{m})\ddot{x}_\mathrm{m} + C_\mathrm{mx}(q_\mathrm{m},\dot{q}_\mathrm{m})\dot{x}_\mathrm{m} + g_\mathrm{mx}(q_\mathrm{m}) + F_\mathrm{mx}(\dot{q}_\mathrm{m}) = \tau_\mathrm{mx} + d_\mathrm{mx} - F_\mathrm{h} \\ M_\mathrm{sx}(q_\mathrm{s})\ddot{x}_\mathrm{s} + C_\mathrm{sx}(q_\mathrm{s},\dot{q}_\mathrm{s})\dot{x}_\mathrm{s} + g_\mathrm{sx}(q_\mathrm{s}) + F_\mathrm{sx}(\dot{q}_\mathrm{s}) = \tau_\mathrm{sx} + d_\mathrm{sx} - F_\mathrm{e} \end{cases} \tag{5-3}$$

由(5-1)式与(5-3)式可得：

$$\begin{cases} M_\mathrm{xi}(q_i) = J_i^{-\mathrm{T}} M_i(q_i) J^{-1} \\ C_\mathrm{xi}(q_i,\dot{q}_i) = J_i^{-\mathrm{T}}(C_i(q_i,\dot{q}_i) - M_i(q_i)J^{-1}\dot{J})J^{-1} \\ g_\mathrm{xi}(q_i) = J_i^{-\mathrm{T}} g_i(q_i), \tau_\mathrm{ix} = J_i^{-\mathrm{T}}\tau_i, \\ d_\mathrm{ix} = J_i^{-\mathrm{T}} d_i, F_\mathrm{ix}(\dot{q}_i) = J_i^{-\mathrm{T}} F_i(\dot{q}_i) \end{cases} \tag{5-4}$$

上述非线性机器人系统具有以下属性：

【属性 5-1】：机械手惯性矩阵 $M_i(q_i)$ 与 $M_\mathrm{xi}(q_i)$ 正定，且有上下界。

【属性 5-2】：$\dot{M}_i(q_i) - 2C_i(q_i,\dot{q}_i)$ 与 $\dot{M}_\mathrm{xi}(q_i) - 2C_\mathrm{xi}(q_i,\dot{q}_i)$ 分别为斜对称矩阵。

【属性 5-3】：雅可比矩阵 $J_i(q_i)$ 及其逆矩阵 $J_i^{-1}(q_i)$ 始终有界，即分别存在 μ_1 与 μ_2 满足 $\| J_i(q_i) \| \leqslant \mu_1$ 与 $\| J_i^{-1}(q_i) \| \leqslant \mu_2$。

【属性 5-4】：机械手动力学模型可以根据未知参数不同，可以线性化表示为：

$$M_i(q_i)\varphi_{i1} + C_i(q_i,\dot{q}_i)\varphi_{i2} + g_i(q_i) + F_i(\dot{q}_i) = Y_i(\varphi_{i1},\varphi_{i2},q_i,\dot{q}_i)\theta_i \tag{5-5}$$

式中，φ_{i1}、φ_{i2} 为任意已知向量；$Y_i(\varphi_{i1},\varphi_{i2},q_i,\dot{q}_i)$ 为系统已知坐标变量及其导数组成的系统回归矩阵；θ_i 包含机械手数学模型未知参数信息的常数向量。设主、从机械手外部未知干扰项有上界，根据属性 5-3 有：$\| d_\mathrm{mx} \| = \| J_\mathrm{m}^{-\mathrm{T}} d_\mathrm{m} \| \leqslant \Theta_\mathrm{m0}$，$\| d_\mathrm{sx} \| = \| J_\mathrm{s}^{-\mathrm{T}} d_\mathrm{s} \| \leqslant \Theta_\mathrm{s0}$。$\Theta_\mathrm{m0}$、$\Theta_\mathrm{s0}$ 为主从机械手外部干扰在操作空间的上界。

5.3　控制律设计

5.3.1　整体控制策略

操作者在主机械手上施加力信号,主机械手控制器采集施加力并控制主机械手运动,主手控制器将主手位置通过通信网络传送给从机械手控制器,从机械手控制器获取主手位置信息并将其作为从手位置跟踪目标,从手完成位置跟踪并将从手与外部环境力传送给主手,主手上实现操作者施加力与从手作用力的一致匹配,满足主从机械手上力1位置的一致同步性,实现操作者真实感知从手触觉力。

本章提出的基于参考阻抗模型的自适应双边控制的框图如图 5-1 所示。为了实现主机械手上的人机交互以及从机械手目标抓取过程交互,设计了两种阻抗模型。在该控制方案中,主手通过操作者作用力与环境力建立阻抗模型获取期望的主手位置,通过鲁棒自适应控制律及外部误差上界估计实现基于阻抗模型的期望位置跟踪。从手通过环境力与主手位置建立期望的阻抗模型,通过鲁棒自适应调节控制律及自适应上界估计实现从手对从手期望阻抗位置跟踪。基于阻抗模型的参考自适应阻抗控制的目标是在基于关节摩擦及外部干扰等引起数学模型不确定的前提下,保证主从手力-位置跟踪的稳定性及收敛性。

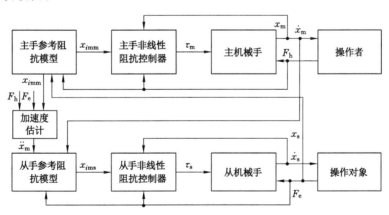

图 5-1　遥操作双边自适应阻抗控制结构图

5.3.2　整体控制器设计

阻抗控制通过调节用户设定的目标阻抗模型使机器人末端实现柔顺性运动,其通过调节由用户设定的目标阻抗模型,使机械手终端达到柔顺性运动,将阻抗控制加入自适应特征,使在外界不确定条件下主机械手触觉力跟踪从手触觉力信号具有鲁棒性能。在自适应阻抗控制实现过程中,将设计的阻抗控制模型作为参考模型,通过设计控制器和自适应律使被控对象闭环动态模型逼近参考模型。在提出的阻抗遥操作系统中,定义了两种阻抗模型,根据主手上与人的交互以及从手与环境的交互过程,主、从机械手期望阻抗模型设计如下[146]:

$$M_{\mathrm{md}}\ddot{x}_{imm} + B_{\mathrm{md}}\dot{x}_{imm} = F_{\mathrm{h}} - F_{\mathrm{e}} \tag{5-6}$$

$$M_{\mathrm{sd}}\ddot{\tilde{x}}_{ims} + B_{\mathrm{sd}}\dot{\tilde{x}}_{ims} + K_{\mathrm{sd}}\tilde{x}_{ims} = -F_{\mathrm{e}} \tag{5-7}$$

式(5-6)为主机械手建立基于主手操作力与环境力差的阻抗模型,其中 M_{md}、B_{md} 是主机械手阻抗模型虚拟惯性、阻尼,为正定对角矩阵。式(5-7)为基于机械手末端位置与期望位置误差与从手抓取目标力之间的阻抗模型,其中 M_{sd}、B_{sd}、K_{sd} 是从机械手阻抗模型虚拟惯性、阻尼、刚度,分别为正定对角矩阵。主从机械手期望阻抗模型参数选择的是正定矩阵,主从机械手是正定的二阶微分参考阻抗模型。x_{imm}、x_{ims} 是期望阻抗模型的期望位置输出。从机械手阻抗模型输出设计为期望阻抗模型输出位移与主机械手位移之差,即可得出机械手的期望位置为:$x_{ims} = \tilde{x}_{ims} + x_{\mathrm{m}}$。设主机械手末端操作力与从机械手末端抓取力可测。根据主从机械手设定的期望阻抗模型,设计非线性双边模型参考自适应阻抗控制律。为了实现主、从机械手末端位置对期望阻抗模型输出的期望位置跟踪,建立基于位置误差和速度误差的滑模面函数。分别设计为[147]:

$$s_{\mathrm{m}} = \dot{\tilde{x}}_{\mathrm{m}} + \lambda_{\mathrm{m}}\tilde{x}_{\mathrm{m}} \tag{5-8}$$

$$s_{\mathrm{s}} = \dot{\tilde{x}}_{\mathrm{s}} + \lambda_{\mathrm{s}}\tilde{x}_{\mathrm{s}} \tag{5-9}$$

式中,$\tilde{x}_{\mathrm{m}}$、$\tilde{x}_{\mathrm{s}}$ 与 $\dot{\tilde{x}}_{\mathrm{m}}$、$\dot{\tilde{x}}_{\mathrm{s}}$ 分别为主、从机械手末端位置跟踪期望阻抗响应的位置和速度误差。即 $\tilde{x}_{\mathrm{m}} = x_{\mathrm{m}} - x_{imm}$ 与 $\tilde{x}_{\mathrm{s}} = x_{\mathrm{s}} - x_{ims}$,$x_{imm}$、$x_{ims}$ 分别为主、从机械手阻抗模型输出的期望位置;x_{m}、x_{s} 为操作空间下的主从机械手位置;λ_{m}、λ_{s} 分别为正定对角矩阵。

定义主、从机械手的参考变量 r_{m}、r_{s} 为:$\dot{r}_{\mathrm{m}} = \dot{\tilde{x}}_{imm} - \lambda_{\mathrm{m}}\tilde{x}_{\mathrm{m}}$;$\dot{r}_{\mathrm{s}} = \dot{\tilde{x}}_{ims} - \lambda_{\mathrm{s}}\tilde{x}_{\mathrm{s}}$。根据滑模方程与参考变量,可得滑模面函数 s_{m}、s_{s} 与 r_{m}、r_{s} 的关系为:$s_{\mathrm{m}} = \dot{x}_{\mathrm{m}} - \dot{r}_{\mathrm{m}}$,$s_{\mathrm{s}} = \dot{x}_{\mathrm{s}} - \dot{r}_{\mathrm{s}}$。针对式(5-8)和式(5-9)所示的滑模面函数求一阶导数,分别左乘 M_{xm} 与 M_{xs},将机械手操作空间下的动态模型式(5-3)分别代入可得:

$$\begin{aligned}
M_{\mathrm{xm}}\dot{s}_{\mathrm{m}} &= M_{\mathrm{xm}}(q_{\mathrm{m}})\ddot{x}_{\mathrm{m}} - M_{\mathrm{xm}}(q_{\mathrm{m}})\ddot{x}_{\mathrm{mr}} + \lambda_{\mathrm{m}}M_{\mathrm{xm}}(q_{\mathrm{m}})\dot{\tilde{x}}_{\mathrm{m}} \\
&= -\lambda_{\mathrm{m}}M_{\mathrm{xm}}(q_{\mathrm{m}})s_{\mathrm{m}} - C_{\mathrm{xm}}(q_{\mathrm{m}},\dot{q}_{\mathrm{m}})s_{\mathrm{m}} + M_{\mathrm{xm}}(q_{\mathrm{m}})(\lambda_{\mathrm{m}}s_{\mathrm{m}} - \ddot{r}_{\mathrm{m}}) - \\
&\quad C_{\mathrm{xm}}(q_{\mathrm{m}},\dot{q}_{\mathrm{m}})\dot{r}_{\mathrm{m}} - g_{\mathrm{xm}}(q_{\mathrm{m}}) - F_{\mathrm{xm}}(\dot{q}_{\mathrm{m}}) + \tau_{\mathrm{xm}} + d_{\mathrm{xm}} - F_{\mathrm{h}}
\end{aligned} \tag{5-10}$$

$$M_{\mathrm{xs}}\dot{s}_{\mathrm{s}} = M_{\mathrm{xs}}(q_{\mathrm{s}})\ddot{x}_{\mathrm{s}} - M_{\mathrm{xs}}(q_{\mathrm{s}})\ddot{x}_{\mathrm{sr}} + \lambda_{\mathrm{s}}M_{\mathrm{xs}}(q_{\mathrm{s}})\dot{\tilde{x}}_{\mathrm{s}}$$

$$= -\lambda_s M_{xs}(q_s)s_s - C_{xs}(q_s,\dot{q}_s)s_s + M_{xs}(q_s)(\lambda_s s_s - \ddot{r}_s) -$$

$$C_{xs}(q_s,\dot{q}_s)\dot{r}_s - g_{xs}(q_s) - F_{xs}(\dot{q}_s) + \tau_{xs} + d_{xs} - F_e \qquad (5\text{-}11)$$

【定理 5-1】：假设 n 自由度主、从机械手动态方程（5-1）的 $M_{xi}(q_i)$、$C_{xi}(q_i,\dot{q}_i)$、$g_{xi}(q_i)$、$F_{xi}(\dot{q}_i)$ 已知，外部干扰项 d_{xi} 已知，终端滑模面设计为式（5-8）、式（5-9），主、从手控制律设计为式（5-12）、（5-13），则主、从手遥操作闭环系统信号有界并且主从手力、位移跟踪误差渐近收敛于零。

$$\tau_{xm-eq} = M_{xm}(q_m)(\ddot{r}_m - \lambda_m s_m) + C_{xm}(q_m,\dot{q}_m)\dot{r}_m + g_{xm}(q_m) +$$

$$F_{xm}(\dot{q}_m) - d_{xm} + F_h \qquad (5\text{-}12)$$

$$\tau_{xs-eq} = M_{xs}(q_s)(\ddot{r}_s - \lambda_s s_s) + C_{xs}(q_s,\dot{q}_s)\dot{r}_s + g_{xs}(q_s) +$$

$$F_{xs}(\dot{q}_s) - d_{xs} + F_e \qquad (5\text{-}13)$$

证明：选取李雅普诺夫方程为：

$$V_0 = \frac{1}{2}(s_m^T M_{xm}(q_m)s_m + s_s^T M_{xs}(q_s)s_s) \qquad (5\text{-}14)$$

由于 M_{xm}、M_{xs} 正定，很显然 $V_0 > 0$。对式（5-14）式求 V_0 关于时间的一阶导数，将式（5-10）、式（5-11）及相应控制律式（5-12）、式（5-13）代入式（5-14），可得：

$$\dot{V}_0 = \frac{1}{2}s_m^T \dot{M}_{xm}(q_m)s_m + s_m^T M_{xm}(q_m)\dot{s}_m + \frac{1}{2}s_s^T \dot{M}_{xs}(q_s)s_s + s_s^T M_{xs}(q_s)\dot{s}_s$$

$$= \frac{1}{2}s_m^T \dot{M}_{xm}(q_m)s_m + s_m^T(-\lambda_m M_{xm}(q_m)s_m - C_{xm}(q_m,\dot{q}_m)s_m) +$$

$$\frac{1}{2}s_s^T \dot{M}_{xs}(q_s)s_s + s_s^T(-\lambda_s M_{xs}(q_s)s_s - C_{xs}(q_s,\dot{q}_s)s_s)$$

$$= -\lambda_m s_m^T M_{xm}(q_m)s_m - \lambda_s s_s^T M_{xs}(q_s)s_s$$

$$\leqslant 0 \qquad (5\text{-}15)$$

定理 5-1 证明完毕。然而，实际应用中主、从机械手控制器无法保证动态方程参数以及外部干扰信号全部已知，基于 τ_{xm-eq}、τ_{xs-eq} 设计不确定条件下的主从手操作空间控制律为：

$$\tau_{xm} = \hat{M}_{xm}(q_m)(\ddot{r}_m - \lambda_m s_m) + \hat{C}_{xm}(q_m,\dot{q}_m)\dot{r}_m + \hat{g}_{xm}(q_m) + \hat{F}_{xm}(\dot{q}_m) + \tau_{xm0} + F_h$$

$$(5\text{-}16)$$

$$\tau_{xs} = \hat{M}_{xs}(q_s)(\ddot{r}_s - \lambda_s s_s) + \hat{C}_{xs}(q_s,\dot{q}_s)\dot{r}_s + \hat{g}_{xs}(q_s) + \hat{F}_{xs}(\dot{q}_s) + \tau_{xs0} + F_e \qquad (5\text{-}17)$$

其中，$\hat{M}_{xi}(q_i)$、$\hat{C}_{xi}(q_i,\dot{q}_i)$、$\hat{g}_{xi}(q_i)$、$\hat{F}_{xi}(\dot{q}_i)$ 分别为对应参数的估计值。τ_{xm0}、τ_{xs0} 分别为处理外部干扰控制律。分别设计为：$\tau_{xm0} = -K_{pm}s_m - s_m\Theta_m/(\parallel s_m \parallel + e^{-a_m t})$、$\tau_{xs0} = -K_{ps}s_s - s_s\Theta_s/(\parallel s_s \parallel + e^{-a_s t})$。$K_{pm}$、$K_{ps}$ 分别为逼近误差鲁棒控制项系数，Θ_m、Θ_s 为

未知干扰上界估计，a_m、a_s 为正常数。根据机器人操作空间与关节空间的转换关系，式 (5-16)、式(5-17)可以重新写为：

$$\tau_m = \hat{M}_m(q_m)J_m^{-1}(\ddot{r}_m - \lambda_m s_m) + (\hat{C}_m(q_m, \dot{q}_m) - \hat{M}_m(q_m)J_m^{-1}\dot{J}_m)J_m^{-1}\dot{r}_m +$$

$$\hat{g}_m(q_m) + \hat{F}_m(\dot{q}_m) - K_{pm}s_m - s_m\Theta_m/(\parallel s_m \parallel + e^{-a_m t}) + J_m^T(q_m)F_h \qquad (5-18)$$

$$\tau_s = \hat{M}_s(q_s)J_s^{-1}(\ddot{r}_s - \lambda_s s_s) + (\hat{C}_s(q_s, \dot{q}_s) - \hat{M}_s(q_s)J_s^{-1}\dot{J}_s)J_s^{-1}\dot{r}_s +$$

$$\hat{g}_s(q_s) + \hat{F}_s(\dot{q}_s) - K_{ps}s_s - s_s\Theta_s/(\parallel s_s \parallel + e^{-a_s t}) + J_s^T(q_s)F_e \qquad (5-19)$$

在计算从机械手参考位置 $\ddot{r}_s$ 时候需要 $\ddot{x}_m$，众所周知，加速度项难以精确测量，根据主机械手操作空间跟踪期望位置特征，设计 $\ddot{x}_m$ 的估计值计算公式为：

$$\hat{\ddot{x}}_m = M_{md}^{-1}(F_h - F_e - B_{md}\dot{x}_{imm}) \qquad (5-20)$$

根据加速度估计项，则从机械手期望轨迹 $\ddot{x}_{imps} = \ddot{x}_m + \tilde{\ddot{x}}_{imps}$ 由于 $\ddot{x}_m$ 可以重新写为：

$$\hat{\ddot{x}}_{imps} = \hat{\ddot{x}}_m + \tilde{\ddot{x}}_{imps} = \ddot{x}_m + \hat{\ddot{x}}_m + \Delta\ddot{x}_m = \ddot{x}_{imps} + \Delta\ddot{x}_m \qquad (5-21)$$

$\Delta\ddot{x}_m = \hat{\ddot{x}}_m - \ddot{x}_m$ 为加速度估计值与实际值之间的误差。根据主机械手估计值 $\hat{\ddot{x}}_m$，则从机械手参考位置变量 $\ddot{r}_s = \tilde{\ddot{x}}_{ims} - \lambda_s\tilde{\dot{x}}_s$ 可以重新表示为 $\hat{\ddot{r}}_s = \hat{\ddot{x}}_{ims} - \lambda_s\tilde{\dot{x}}_s$，则从机械手控制律重新设计为：

$$\tau_s = \hat{M}_s(q_s)J_s^{-1}(\hat{\ddot{r}}_s - \lambda_s s_s) + (\hat{C}_s(q_s, \dot{q}_s) - \hat{M}_s(q_s)J_s^{-1}\dot{J}_s)J_s^{-1}\dot{r}_s +$$

$$\hat{g}_s(q_s) + \hat{F}_s(\dot{q}_s) - K_{ps}s_s - k_{es}\text{sign}(s_s) - s_s\Theta_s/(\parallel s_s \parallel + e^{-a_s t}) + J_s^T(q_s)F_e$$

$$= \hat{M}_s(q_s)J_s^{-1}(\ddot{r}_s - \lambda_s s_s) + (\hat{C}_s(q_s, \dot{q}_s) - \hat{M}_s(q_s)J_s^{-1}\dot{J}_s)J_s^{-1}\dot{r}_s +$$

$$\hat{g}_s(q_s) + \hat{F}_s(\dot{q}_s) - K_{ps}s_s - k_{es}\text{sign}(s_s) +$$

$$\hat{M}_s(q_s)J_s^{-1}\Delta\ddot{x}_m - s_s\Theta_s/(\parallel s_s \parallel + e^{-a_s t}) + J_s^T(q_s)F_e \qquad (5-22)$$

其中，设计 $-k_{es}\text{sign}(s_s)$ 项为了消除 $\ddot{x}_m$ 有界估计误差的鲁棒控制项，为从机械手控制系统提供鲁棒性能。根据机器人属性 5-4，主、从机械手控制律式(5-18)、式(5-22)可以重新表示为：

$$\tau_m = \hat{M}_m(q_m)\eta_{m1} + \hat{C}_m(q_m, \dot{q}_m)\eta_{m2} + \hat{g}_m(q_m) + \hat{F}_m(\dot{q}_m) -$$

$$J_m^T(q_m)K_{pm}s_m - J_m^T(q_m)s_m\Theta_m/(\parallel s_m \parallel + e^{-a_m t}) + J_m^T(q_m)F_h$$

$$= Y_m(\eta_{m1}, \eta_{m2}, q_m, \dot{q}_m)\hat{a}_m - J_m^T(q_m)K_{pm}s_m -$$

$$J_m^T(q_m)s_m\Theta_m/(\parallel s_m \parallel + e^{-a_m t}) + J_m^T(q_m)F_h \qquad (5-23)$$

$$\tau_s = \hat{M}_s(q_s)\eta_{s1} + \hat{C}_s(q_s, \dot{q}_s)\eta_{s2} + \hat{g}_s(q_s) + \hat{F}_s(\dot{q}_s) - J_s^T(q_s)K_{ps}s_s -$$

$$J_s^T(q_s)k_{es}\text{sign}(s_s) + \hat{M}_s(q_s)J_s^{-1}\ddot{x}_m -$$

$$J_s^T(q_s)s_s\Theta_s/(\parallel s_s \parallel + e^{-a_s t}) + J_s^T(q_s)F_e$$

$$= Y_s(\eta_{s1}, \eta_{s2}, q_s, \dot{q}_s)\hat{\alpha}_s - J_s^T(q_s)K_{ps}s_s - k_{es}J_s^T(q_s)\text{sign}(s_s) +$$

$$\hat{M}_s(q_s)J_s^{-1}\ddot{x}_m - J_s^T(q_s)s_s\Theta_s/(\parallel s_s \parallel + e^{-a_s t}) + J_s^T(q_s)F_e \qquad (5\text{-}24)$$

式中,$\hat{\alpha}_m$、$\hat{\alpha}_s$ 为不确定项的估计值;$Y_i(\eta_{i1}, \eta_{i2}, q_i, \dot{q}_i)$ 是线性回归矩阵。主、从机械手控制律参数 η_{m1}、η_{m2}、η_{s1}、η_{s2} 可以分别表示为:

$$\begin{cases} \eta_{m1} = J_m^{-1}(\ddot{r}_m - \lambda_m s_m - \dot{J}_m J_m^{-1}\dot{r}_m) \\ \eta_{m2} = J_m^{-1}\dot{r}_m \end{cases} \qquad (5\text{-}25)$$

$$\begin{cases} \eta_{s1} = J_s^{-1}(\ddot{r}_s - \lambda_s s_s - \dot{J}_s J_s^{-1}\dot{r}_s) \\ \eta_{s2} = J_s^{-1}\dot{r}_s \end{cases} \qquad (5\text{-}26)$$

主、从机械手的自适应律设计如式(5-27)、式(5-28)所示,P_m、P_s 为正定对角矩阵。

$$\dot{\hat{\alpha}}_m = -P_m Y_m^T J_m^{-1}s_m \quad \dot{\Theta}_m = \frac{\parallel s_m \parallel^2}{\parallel s_m \parallel + e^{-a_m t}} \qquad (5\text{-}27)$$

$$\dot{\hat{\alpha}}_s = -P_s Y_s^T J_s^{-1}s_s \quad \dot{\Theta}_s = \frac{\parallel s_s \parallel^2}{\parallel s_s \parallel + e^{-a_s t}} \qquad (5\text{-}28)$$

5.4 稳定性证明

【**定理 5-2**】:假设 n 自由度主、从机械手动态方程(5-1)的 $M_{xi}(q_i)$、$C_{xi}(q_i, \dot{q}_i)$、$g_{xi}(q_i)$、$F_{xi}(\dot{q}_i)$ 未知,外部干扰项 d_{xi} 未知,终端滑模面设计为式(5-9)、式(5-10),主、从手控制律设计为式(5-23)、式(5-24),自适应律设计为式(5-27)、式(5-28),则主、从手遥操作闭环系统信号有界并且主、从手力、位移跟踪误差渐近收敛于 0。

证明 选取李雅普诺夫方程为:

$$V_1 = V_m + V_s \qquad (5\text{-}29)$$

其中,V_m、V_s 分别表示为:

$$V_m = \frac{1}{2}(s_m^T M_{xm}(q_m)s_m + \tilde{\alpha}_m^T P_m^{-1}\tilde{\alpha}_m) + \frac{1}{2}(\Theta_m - \Theta_{m0})^2 \qquad (5\text{-}30)$$

$$V_s = \frac{1}{2}(s_s^T M_{xs}(q_s)s_s + \tilde{\alpha}_s^T P_s^{-1}\tilde{\alpha}_s) + \frac{1}{2}(\Theta_s - \Theta_{s0})^2 \qquad (5\text{-}31)$$

式中,$\tilde{\alpha}_m = \hat{\alpha}_m - \alpha_m$,$\tilde{\alpha}_s = \hat{\alpha}_s - \alpha_s$,分别表示主机械手和从机械手的不确定部分实际参数与估计参数的误差。由于 P_m、P_s 为正定矩阵,V_m、V_s 为正定矩阵,Θ_{m0}、Θ_{s0} 表示未知干

扰的上界,很显然 $V_1 > 0$,对 V_m、V_s 求关于时间的一阶导数,分别代入主、从机械手控制律和自适应律,则有:

$$\dot{V}_m = \frac{1}{2}s_m^T\dot{M}_{xm}(q_m)s_m + s_m^T M_{xm}(q_m)\dot{s}_m + \dot{\tilde{\alpha}}_m^T P_m^{-1}\tilde{\alpha}_m + (\Theta_m - \Theta_{m0})\dot{\Theta}_m$$

$$= \frac{1}{2}s_m^T\dot{M}_{xm}(q_m)s_m + s_m^T[-\lambda_m M_{xm}(q_m)s_m - C_{xm}(q_m,\dot{q}_m)s_m + M_{xm}(q_m)(\lambda_m s_m - \ddot{r}_m) -$$

$$C_{xm}(q_m,\dot{q}_m)\dot{r}_m - g_{xm}(q_m) - F_{xm}(\dot{q}_m) + \tau_{xm} + d_{xm} - F_h] + \dot{\tilde{\alpha}}_m^T P_m^{-1}\tilde{\alpha}_m +$$

$$(\Theta_m - \Theta_{m0})\dot{\Theta}_m$$

$$= \frac{1}{2}s_m^T[\dot{M}_{xm}(q_m) - 2C_{xm}(q_m,\dot{q}_m)]s_m - \lambda_m s_m^T M_{xm}(q_m)s_m + s_m^T J_m^{-T}Y_m(\hat{\alpha}_m - \alpha_m) +$$

$$\dot{\tilde{\alpha}}_m^T P_m^{-1}\tilde{\alpha}_m + s_m^T(-K_{pm}s_m - \frac{s_m}{\parallel s_m \parallel + e^{-a_m t}}\Theta_m + d_{xm}) + (\Theta_m - \Theta_{m0})\frac{\parallel s_m \parallel^2}{\parallel s_m \parallel + e^{-a_m t}}$$

$$= -\lambda_m s_m^T M_{xm}(q_m)s_m - s_m^T K_{pm}s_m + s_m^T d_{xm} - \Theta_{m0}\frac{\parallel s_m \parallel^2}{\parallel s_m \parallel + e^{-a_m t}} \tag{5-32}$$

由于 $s_m^T d_{xm} \leqslant \parallel s_m \parallel \Theta_{m0}$,代入式(5-30)可得:

$$\dot{V}_m \leqslant -s_m^T K_{pm}s_m - \lambda_m s_m^T M_{xm}(q_m)s_m + \Theta_{m0} e^{-a_m t} \tag{5-33}$$

V_s 求关于时间的一阶导数则有:

$$\dot{V}_s = \frac{1}{2}s_s^T\dot{M}_{xs}(q_s)s_s + s_s^T M_{xs}(q_s)\dot{s}_s + \dot{\tilde{\alpha}}_s^T P_s^{-1}\tilde{\alpha}_s + (\Theta_s - \Theta_{s0})\dot{\Theta}_s$$

$$= \frac{1}{2}s_s^T\dot{M}_{xs}(q_s)s_s + s_s^T[-\lambda_s M_{xs}(q_s)s_s - C_{xs}(q_s,\dot{q}_s)s_s + M_{xs}(q_s)(\lambda_s s_s - \ddot{r}_s) -$$

$$C_{xs}(q_s,\dot{q}_s)\dot{r}_s - g_{xs}(q_s) - F_{xs}(\dot{q}_s) + \tau_{xs} + d_{xs} - F_e] + \dot{\tilde{\alpha}}_s^T P_s^{-1}\tilde{\alpha}_s +$$

$$(\Theta_s - \Theta_{s0})\dot{\Theta}_s \tag{5-34}$$

根据机械手属性 5-2,式(5-34)可以化简为:

$$\dot{V}_s = \frac{1}{2}s_s^T[\dot{M}_{xs}(q_s) - 2C_{xs}(q_s,\dot{q}_s)]s_s - \lambda_s s_s^T M_{xs}(q_s)s_s + s_s^T J_s^{-T}Y_s(\hat{\alpha}_s - \alpha_s) +$$

$$\dot{\tilde{\alpha}}_s^T P_s^{-1}\tilde{\alpha}_s + s_s^T(-K_{ps}s_s - \frac{s_s}{\parallel s_s \parallel + e^{-a_s t}}\Theta_s + d_{xs}) + (\Theta_s - \Theta_{s0})\frac{\parallel s_s \parallel^2}{\parallel s_s \parallel + e^{-a_s t}} +$$

$$s_s^T(-k_{es}\text{sign}(s_s) + J_s^{-T}\hat{M}_s(q_s)J_s^{-1}\Delta\ddot{x}_m)$$

$$= -\lambda_s s_s^T M_{xs}(q_s)s_s - s_s^T K_{ps}s_s + s_s^T d_{xs} - \Theta_{s0}\frac{\parallel s_s \parallel^2}{\parallel s_s \parallel + e^{-a_s t}} +$$

$$s_s^T(-k_{es}\text{sign}(s_s) + J_s^{-T}\hat{M}_s(q_s)J_s^{-1}\Delta\ddot{x}_m)$$

当 k_{es} 满足 $k_{es} \geqslant \| J_s^{-T} \hat{M}_s(q_s) J_s^{-1} \Delta \ddot{x}_m \|_\infty$ 时满足 $s_s^T(-k_{es}\mathrm{sign}(s_s) + J_s^{-T} \hat{M}_s(q_s) J_s^{-1} \Delta \ddot{x}_m) \leqslant 0$。其中 $\| \cdot \|_\infty$ 表示无穷范数。由于 $s_s^T d_{xs} \leqslant \| s_s \| \Theta_{s0}$，代入式(5-32)可得：

$$\dot{V}_s \leqslant -s_s^T K_{ps} s_s - \lambda_s s_s^T M_{xs}(q_s) s_s + \Theta_{s0} \mathrm{e}^{-a_s t} \tag{5-35}$$

由式(5-33)、式(5-35)与式(5-29)可得：

$$\dot{V}_1 \leqslant -s_m^T K_{pm} s_m - \lambda_m s_m^T M_{xm}(q_m) s_m - s_s^T K_{ps} s_s - \lambda_s s_s^T M_{xs}(q_s) s_s + \Theta_{m0} \mathrm{e}^{-a_m t} + \Theta_{s0} \mathrm{e}^{-a_s t} \tag{5-36}$$

对式(5-36)不等式两端积分，可得：

$$V_1(t) - V_1(0) \leqslant -\int_0^t (s_m^T K_{pm} s_m + \lambda_m s_m^T M_{xm}(q_m) s_m + s_s^T K_{ps} s_s + \lambda_s s_s^T M_{xs}(q_s) s_s) \mathrm{d}t +$$

$$\Theta_{m0} \int_0^t \mathrm{e}^{-a_m t} \mathrm{d}t + \Theta_{s0} \int_0^t \mathrm{e}^{-a_s t} \mathrm{d}t$$

$$\leqslant -\int_0^t (s_m^T K_{pm} s_m + s_s^T K_{ps} s_s) \mathrm{d}t + \Theta_{m0} \int_0^t \mathrm{e}^{-a_m t} \mathrm{d}t + \Theta_{s0} \int_0^t \mathrm{e}^{-a_s t} \mathrm{d}t \tag{5-37}$$

由于 $V_1(t) \geqslant 0$ 并且 $\int_0^t \mathrm{e}^{-a_m t} \mathrm{d}t \leqslant \infty$ 与 $\int_0^t \mathrm{e}^{-a_s t} \mathrm{d}t \leqslant \infty$，则有：

$$\limsup_{t \to \infty} \frac{1}{t} \int_0^t (K_{pm} \| s_m \|^2 + K_{ps} \| s_s \|^2) \mathrm{d}t$$

$$\leqslant (V_1(0) + \Theta_{m0} \int_0^t \mathrm{e}^{-a_m t} \mathrm{d}t + \Theta_{s0} \int_0^t \mathrm{e}^{-a_s t} \mathrm{d}t) \lim_{t \to \infty} \frac{1}{t} = 0$$

由式(5-38)可知，当 $t \to \infty$ 时，有 $s_m \to 0$ 与 $s_s \to 0$，位置跟踪误差 $\tilde{x}_m$、$\tilde{x}_s$ 及误差变化率 $\dot{\tilde{x}}_m$、$\dot{\tilde{x}}_s$ 趋于 0，保证了主从手位置跟踪渐进跟踪阻抗模型期望位置 $x_m \to x_{imm}$ 与 $x_s \to x_{ims}$。从手控制器根据参数不确定性、外部干扰引起的跟踪误差通过自适应律得到了补偿，并且通过滑模鲁棒控制与自适应律使控制器具有鲁棒自适应特征。

5.5　仿真与验证

从机械手跟踪主机械手运动过程中，分为自由空间运动以及与环境接触约束运动。建立从机械手抓取目标的受力模型，只考虑运动位置对 F_e 的影响，从机械手在与环境接触时，环境受力看成无源的线性弹簧，接触力 F_e 可以表示为：

$$F_e = \begin{cases} k_e(x_s - x_e) & x_s \geqslant x_e \\ 0 & x_s < x_e \end{cases}$$

式中，x_e 表示从机械手与接触环境的位置；k_e 表示抓取目标的刚度系数。当 $x_s < x_e$

时,主手、从手处于自由运动状态;当 $x_s \geqslant x_e$ 时可以看成从机械手与环境接触,产生触觉力。根据主、从机械手的系统模型以及控制要求,在 Matlab/Simulink 下作二自由度机械手数学试验仿真。只考虑机械手动力学模型不确定及外部干扰问题,不考虑水下机械手中运载体对姿态影响,设主、从机械手在竖直平面运动。二自由度遥操作系统结构图如图 5-2 所示。

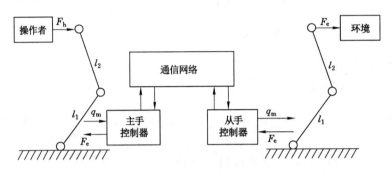

图 5-2　遥操作机械手结构示意图

设主机械手阻抗模型参数:$M_{md} = \mathrm{diag}(1,1)$,$B_{md} = \mathrm{diag}(10,10)$,$\lambda_m = \mathrm{diag}(30,30)$,$P_m = \mathrm{diag}(1,1,1)$;主机械手质量 $m_1 = 0.1 \ \mathrm{kg}$,$m_2 = 0.1 \ \mathrm{kg}$,$l_1 = 0.1 \ \mathrm{m}$,$l_2 = 0.1 \ \mathrm{m}$。主机械手初始参数:$q_{m1} = 60°$,$q_{m2} = 60°$,$\dot{q}_{m1} = 0°/\mathrm{s}$,$\dot{q}_{m2} = 0°/\mathrm{s}$。

从机械手阻抗模型参数:$M_{sd} = \mathrm{diag}(1,1)$,$B_{sd} = \mathrm{diag}(10,10)$,$K_{sd} = \mathrm{diag}(1,1)$,$\lambda_s = \mathrm{diag}(30,30)$,$P_s = \mathrm{diag}(1,1,1)$;从机械手质量 $m_1 = 0.1 \ \mathrm{kg}$,$m_2 = 0.1 \ \mathrm{kg}$,$l_1 = 0.1 \ \mathrm{m}$,$l_2 = 0.1 \ \mathrm{m}$。从机械手初始参数:$q_{s1} = 60°$,$q_{s2} = 60°$,$\dot{q}_{s1} = 0°/\mathrm{s}$,$\dot{q}_{s2} = 0°/\mathrm{s}$。

主、从机械手关节摩擦转矩:$F_m(\dot{q}_m) = D_m\dot{q}_m + N_m\mathrm{sign}(\dot{q}_m)$,$F_s(\dot{q}_s) = D_s\dot{q}_s + N_s\mathrm{sign}(\dot{q}_s)$。其中,$D_m = D_s = \mathrm{diag}(30,30)$,$N_m = N_s = \mathrm{diag}(10,10)$。主、从机械手外部不确定干扰转矩:$d_m = [2(\mathrm{rand}-0.5);2(\mathrm{rand}-0.5)]$;$d_s = [2(\mathrm{rand}-0.5);2(\mathrm{rand}-0.5)]$,$\mathrm{rand}$ 表示生成区间 $[0 \quad 1]$ 之间的随机数。

设不确定干扰自适应律参数:$a_m = a_s = 2$,主、从手不确定干扰初始设定值:$\Theta_{m0} = \Theta_{s0} = 0.7$,从机械手消除估计误差 $k_{es} = 1.8$,$K_{pm} = K_{ps} = 10$。设操作者只在操作空间 x 轴方向施加作用力,x 轴方向刚度系数 $k_e = 100 \ \mathrm{N/m}$,y 轴方向不施加作用力。从机械手在 x 轴方向 $x_e = 0.1 \ \mathrm{m}$ 处与抓取目标接触。仿真时间设为 30 s,前 10 s 在主机械手上施加 10 N 的作用力,然后将作用力改为 0。即在机械手上施加 10 N 作用力持续 10 s,然后不再施加力,持续 20 s,观察机械手的力、位移跟踪状态。

由图 5-3～图 5-5 可知,从手、主手操作空间位置实现对主、从手设定阻抗模型期望位置跟踪,同理实现从手对主手的关节位置跟踪,在主手上操作者施加力与从手和环境中之间交互力一致协调相等。从手初始位置位于与抓取目标不接触的自由位置,跟踪主机械手位置运动到 0.1 m 时实现与抓取目标交互,此时从手依然实现对主手的位置跟踪,此时主手上开始感受到从手的反馈力,直到主手力信号与从手力信号误差渐进收敛于 0。

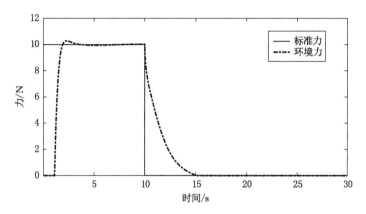

图 5-3　遥操作主、从手力跟踪曲线图

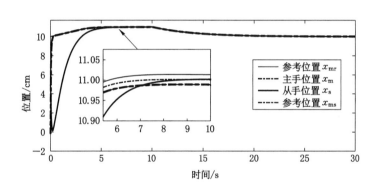

图 5-4　主、从手参考位置、位置跟踪曲线图

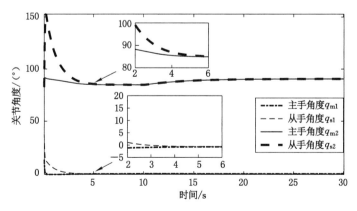

图 5-5　主、从手角度跟踪曲线图

　　由图 5-3～图 5-5 可知,主手力跟踪、从手位置跟踪静态误差≤1%,整体跟踪无超调量。主手上力释放后,从手、主手最终静止在与环境临界接触的 0.1 m 处位置,从手依然能保证位置跟踪,同时主手实现对从手的力跟踪。由图 5-6～图 5-7 可知,主、从机械手自适应律输出参数有界,不确定参数估计不需要设定初始估计值,就保证了估计值有效性能,实现系统控制稳定。

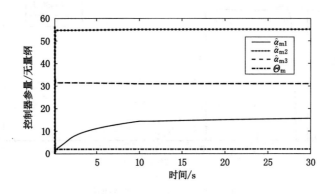

图 5-6　主手自适应律曲线图

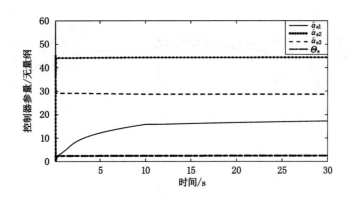

图 5-7　从手自适应律曲线图

　　由图 5-3～图 5-7 可知,在系统模型不确定以及外部干扰条件下,整体系统仍然保证从手对主手的力跟踪以及从手对主手的位置跟踪。主手内部不确定自适应律以及外部干扰上界不确定自适应律对外部干扰以及自身模型不定性的补偿,满足了鲁棒稳定性特征。

　　为了验证所设计控制器(New Controller)的先进性与优越性,与文献[148]提出的模型参考自适应(MRAC)控制和文献[149]提出的 PD＋like 控制器作了相应比对。针对式(5-1)所示包含关节摩擦及外部干扰的机械手模型,在主手 x 方向加 10 N 的力信号,三种控制器的力跟踪与位移跟踪曲线如图 5-8、图 5-9 所示。

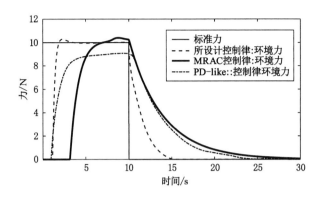

图 5-8　不同控制器条件下力跟踪曲线图

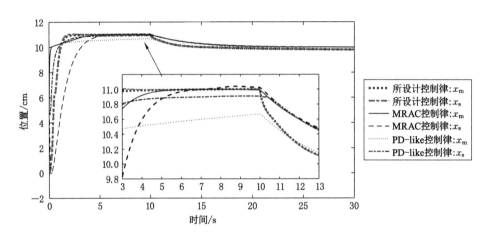

图 5-9　不同控制器条件下主从手位置曲线图

由图 5-8、图 5-9 可知,所提出的控制方法跟踪过程具有快速性及无静态误差的特点,避免了由于外部干扰引起的震荡特点。

5.6　本章小结

本章针对主从机械手存在外界不确定干扰以及关节摩擦引起的模型不确定问题,设计了基于不确定模型逼近及上确界估计的鲁棒自适应控制律。通过建立线性二阶微分方程的参考阻抗模型,将主从手参考阻抗模型的动态响应期望位置作为主、从机械手末端的操作空间下的位置跟踪目标。对机械手动态参数作不确定在线学习估计,对外界干扰作不确定上界估计,并且设计了滑模控制项消除内部干扰与外部不确定干扰,保证了主、从机械手闭环动态方程与参考阻抗模型动态方程相一致，实现了主、从机械手末端对参考阻抗模型输出的期望位置误差渐近收敛于零。利用李雅普诺稳定性判据证明了系统的稳定性及透明性，在 Matlab/Simulink 上进行仿真试验验证了控制系统的鲁棒性及自适应能力。

6　水下机械手智能抓取自适应阻抗控制

6.1　引　　言

　　水下机械手抓取过程中,存在着抓取对象不确定的问题。在抓取过程中如果对抓取目标施加抓取力过大容易造成目标损坏,相反施加力过小容易造成抓取对象脱落[150],降低了操作效率。水下机械手实现多目标智能抓取依然是水下作业中亟待解决的问题[151]。其中主、从机械手遥操作方式能够保证抓取目标的抓取力适中,并能保证抓住、抓牢。然而遥操作方式需要两个机械手,会增加一定的成本。将水下机械手在抓取过程中加入触觉力控制,保证了抓住的同时实现触觉力控制,为了保证稳定抓取防止滑落,要求实现机械手手指与抓取对象的作用力跟踪标准的力信号,并且通过在线辨识实现标准力信号的自适应设定,实现机械手抓取的智能性。

　　因此,水下机械手在保证稳定抓住目标的前提下,避免机械手对抓取目标的损坏实现柔顺性抓取,其核心是自由空间的位置控制以及抓取过程的力控制,属于力控制与位置控制的综合控制[152]。力控制与位置控制的综合控制包括阻抗控制、导纳控制、力/位混合控制与PID控制。PID控制建立机械手与外界的作用力与位置偏差的关系,通过力误差的PID计算调整位置控制以实现力的跟踪效果,但是对于环境刚度变化很大的情况下会产生震荡。这些控制方法很好地保证力与位移跟踪,为了保证控制性能的柔顺性,应用最多的方法是阻抗控制。很多学者已经利用阻抗控制对非水下环境力、位移控制做了相关研究,主要应用在果蔬抓取[153]、患肢康复[154]、工件表面打磨[155]、轴孔装配、行走机器人等方面。

　　阻抗控制通过调节由用户设定的目标阻抗模型,使机器人能够柔顺性运动。

Hogan[156]提出阻抗控制,基本思想是调整机器人末端刚度,使力和位置满足某种理想的动态关系。Seul 提出的阻抗控制方法,满足了自由空间的位置跟踪,力信号控制在一定范围内,但无法保证精确的力控制[157]。文献[158]将阻抗控制应用于果蔬抓取,满足了期望力在机械手指端的力跟踪,但是恒定的期望力值跟踪无法满足目标抓取的多样性。文献[159]通过设计三关节机械臂,利用阻抗控制保证了与地面接触的柔顺性控制,吸收了地面的冲击力。文献[160]提出了基于阻抗控制的模型参考神经自适应控制系统,保证了系统适应不同的应用环境。柳洪义利用反馈力通过模糊推理调整参考比例因子调节参考轨迹以适应未知环境变化[161];李二超采用自适应阻抗控制,使机器人对未知工件表面边缘具有很好的跟踪和接触力控制[162];徐国政提出了进化动态递归模糊神经网络的自适应阻抗控制方法来实时调节阻抗力,以适应患者的柔顺性训练[163],但是模糊神经网络调整目标阻抗计算量偏大,对整体系统实时控制带来影响。

本章在研究了水下机械手遥操作实现力、位移协同一致的控制律设计后,又针对作为从机械手的水下机械手目标抓取研究了力控制策略。假设没有视觉前提,人手在抓取目标时候,通过手指表皮实时感知抓取目标的质量、粗糙度、重心、平衡点等特征,通过大脑判断给出手指施加的力及调整手姿态和抓取力值,保证抓稳抓牢,实现目标的成功抓握。仿人手抓取目标原理,参考机械手在果蔬抓取、康复机器人、机器人工件打磨等的力控制,提出了一种自适应阻抗控制算法。通过构造基于位置的阻抗控制模型,对抓取目标的阻抗参数进行在线辨识,对机械手末端运动特征与刚度进行模糊辨识并调整期望力值。将期望力与接触力误差通过自适应 PID 实时调节期望位置,实现了机械手在跟踪期望位置的同时跟踪期望力值,保证了机械手在对目标样本抓取过程中保证抓住、抓牢并最大限度地避免目标损伤。整体控制能够对未知环境的动态性具有较好自适应能力,减少了抓取运动过程的力误差,提高了整体过程的力控制效果。

6.2 数学模型

6.2.1 水下机械手运动模型

水下机械手主要用于水下目标采集,考虑水下复杂环境,这里研究的是两指机械手。两指机械手对每根手指控制相似,这里只研究一根手指,另一根手指可以简化为一个二连杆旋转机器人。与机器人动力学模型相同,水下机械手模型可由式(6-1)描述:

$$M(q)\ddot{q} + C(q,\dot{q})\dot{q} + g(q) + \tau_{int} = \tau - J^{T}(q)F_{e} \qquad (6-1)$$

式中，$M(q)$、$C(q,\dot{q})$、$g(q)$、$J(q)$分别为机械手的惯性量、离心力与哥氏力的和、重力项以及雅克比矩阵；τ_{int}为系统干扰转矩；τ为控制输入转矩，即给机械手关节转动的驱动力；F_e是水下机械手与环境的接触力；q、$\dot{q}$、$\ddot{q}$分别为水下机械手的位置、速度和加速度。假设系统干扰转矩可测，令$\hat{g}(q)=g(q)+\tau_{int}$。操作空间与关节空间的换算有：

$$\begin{cases} x=\Omega(q) \\ \dot{x}=J(q)\dot{q} \\ \ddot{x}=\dot{J}(q)\dot{q}+J(q)\ddot{q} \end{cases} \tag{6-2}$$

式中，x为机械手笛卡儿坐标系下位置，设x与q同维，即设机械手为非冗余，$J=\dfrac{\partial\Omega}{\partial q^T}$，为非奇异矩阵。将式（6-2）代入式（6-1），可得机械手关于笛卡儿坐标系的动力学方程：

$$M_x(q)\ddot{x}+C_x(q,\dot{q})+\hat{g}_x(q)=\tau_x-F_x \tag{6-3}$$

由式（6-2）与式（6-3）可得：

$$\begin{cases} M_x=J^{-T}M_qJ^{-1},\quad C_x=J^{-T}(C_q-M_qJ^{-1}\dot{J})J^{-1} \\ \hat{g}_x=J^{-T}\hat{g}(q),\quad \tau_x=J^{-T}\tau,\quad F_x=J^{-T}F_e \end{cases} \tag{6-4}$$

6.2.2　环境模型

机械手在水下环境作业，末端运动速度较小，可以忽略环境阻尼项与惯性项对作用力的影响，只考虑运动位置对作用力的影响，这时候环境系统可以看成线性弹簧。和上一章相似，在笛卡儿坐标系下与环境的作用力表示为：

$$F_e=\begin{cases} k_e(x-x_e) & x\geqslant x_e \\ 0 & x<x_e \end{cases} \tag{6-5}$$

式中，x_e表示水下机械手与接触环境的位置；k_e表示抓取目标的刚度系数。当$x<x_e$时，水下机械手的运动处于自由空间状态；当$x\geqslant x_e$时可以看成水下机械手与环境接触，机械手运动为低速，这时环境受力模型即简略为一个弹簧模型。

6.3　整体控制策略

水下机械手在操作过程中，根据水下摄像机观察抓取目标，根据抓取目标位置给出机械手的控制轨迹，水下机械手跟踪控制轨迹。当接触到目标后，抓取力跟踪力期望值，实现抓取力的力跟踪控制，其中阻抗控制是控制核心。

6.3.1　阻抗控制结构

基于位置的阻抗控制,实现期望的位置跟踪并且实现期望的力跟踪,其基本的控制方法流程图如图 6-1 所示。

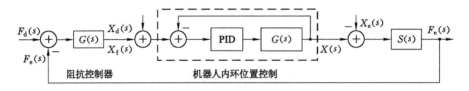

图 6-1　基于位置的阻抗控制原理图

图 6-1 中,$X_d(s)$ 为轨迹规划生成的期望位置,末端所受外力 $F_e(s)$ 与期望的作用力 $F_d(s)$ 叠加后,经阻抗控制器 $G(s)$ 处理后,产生位置的修正量 $X_f(s)$,将 $X_f(s)$ 与期望的位置 $X_d(s)$ 相加后得到广义坐标系下的参考位置,$X_f(s)$ 经过运动学反解运算得到关节坐标系下的位置,将其输入到机器人位置控制内环,通过内环位置控制器控制机器人的动作,让机器人达到实际位置 $X(s)$,并与环境作用产生相应的作用力 $F_e(s)$,通过触觉力传感器采集至外环力控制进行闭环控制。

阻抗控制是指机器人系统不仅仅规划位置轨迹,还需要规划机器人阻抗。其基本核心是:基于机器人控制系统等效为一个物理系统这一前提,把外界环境等效为导纳,操作手等效为阻抗,在力传感器信息不完全的情况下,为了保证控制性能且保证机械手的位置与其作用的环境间适当的动态关系。阻抗控制通过调节力和位置偏差的动态关系来实现对系统的控制,这种动态关系就成为目标阻抗。采用阻抗控制实现柔顺运动,接触力的大小取决于末端执行装置的参考运动轨迹以及环境刚度和位置。机械手末端执行器与抓取目标的相互作用力、末端位置偏差、速度偏差、加速度偏差之间可以建立一个二阶关系的控制模型,这个控制模型称为描述阻抗控制的目标阻抗模型。采用的阻抗控制模型为:

$$M_d(\ddot{x}_d - \ddot{x}) + B_d(\dot{x}_d - \dot{x}) + K_d(x_d - x) = F_d - F_e \tag{6-6}$$

式中,矩阵 M_d、B_d、K_d 为目标阻抗参数,分别是机械手期望的惯性、阻尼和刚度矩阵;F_d 是期望的接触力,F_e 是实际的接触力。其中,K_d 为影响力跟踪静态误差,B_d 值影响系统响应速度及超调量。对机器人抓取对象环境进行刚度建模时候,常将环境看成线性弹簧结构,机器人抓取目标的接触力可以描述为:

$$F_e = k_e(x - x_e) \tag{6-7}$$

为了分析期望轨迹以及期望力条件下的期望力误差值,此处考虑机器人单自由度

的情况,用小写字母代替大写字母,由式(6-7)知当 $x \geqslant x_e$ 时,机器人的位置可以表示为:

$$x = f_e/k_e + x_e \tag{6-8}$$

通常的期望位置 x_d 被指定为穿过环境的一个恒定值,即有 $\ddot{x}_d = \dot{x}_d = 0$。$M_d$、$B_d$、$K_d$ 用 m_d、b_d、k_d 表示单自由度。将式(6-16)代入式(6-3)所定义的阻抗控制模型中,得到关于力误差的微分方程为:

$$\begin{cases} m_d \ddot{e} + b_d \dot{e} + (k_d + k_d)e = m_d \ddot{f}_r + b_d \dot{f}_r + k_d f_r - k_d k_e (x_d - x_e) \\ e = f_r - f_e \end{cases} \tag{6-9}$$

力误差的微分方程是标准的二阶系统微分方程,由于设目标力值 f_r 恒定,则 $\ddot{f}_r = \dot{f}_r = 0$,则稳态力的误差为:

$$e_{ss} = \frac{k_d}{k_d + k_e} [f_r + k_e (x_e - x_d)] \tag{6-10}$$

式(6-10)中,$k_{eq} = \dfrac{k_d}{k_d + k_e}$,表示目标阻抗和环境刚度的等效刚度。则稳态接触力为:

$$e_{ss} = k_{eq} [f_r + k_e (x_e - x_d)] \tag{6-11}$$

由式(6-11)可知,稳态力误差是参考力和期望位置的函数,只有轨迹的期望位置满足: $x_d = f_r/k_e + x_e$ 时才有力稳态误差为零。因此只有精确地知道抓取目标环境的位置 x_e 以及环境的刚度 k_e 并计算出期望位置 x_d 时,才能使机器人末端与环境的接触力 f_e 在有限的时间内跟设定的跟踪参考力 f_r,实现无误差的参考力数据跟踪。然而在实际应用中,很难精确了解到目标环境的 x_e 以及 k_e,因为目标的不确定性造成了性能参数的不同。由于环境刚度 k_e 很大,那么微小的期望位置误差将带来很大的力控制误差,这就是阻抗控制在完成精确力控制任务时面临的困难。设实际环境位置和环境刚度与假设的环境位置和环境刚度间的差为 Δx_e,Δx_e 即:

$$\begin{cases} \Delta x_e = x_e - \hat{x}_e \\ \Delta k_e = k_e - \hat{k}_e \end{cases} \tag{6-12}$$

式中,x_e,k_e 为环境位置和环境刚度的实际值;$\hat{x}_e$,$\hat{k}_e$:环境位置和环境刚度的估计值。

使用 $x_d = \dfrac{f_r}{\hat{k}_e} + x_e$ 定义的参考位置时的稳态力误差为:

$$e_{ss} = \frac{k_d}{k_d + k_e} [k_e \Delta x_e + f_r] = k_{eq} \left(\frac{f_r}{k_e} + x_e - x_d \right) \tag{6-13}$$

由力稳态误差方程可知,即使 Δx_e 的值很小,但是环境刚度 k_e 一般很大,因此力稳态误差 e_{ss} 的值也会很大,这样机械手与环境之间的接触力将很大程度偏离期望的力轨迹。即使准确知道 k_e，但由于 Δx_e 的存在，力误差 $e_{ss} = k_{eq}\Delta x_e$ 的值也将很大。

另外，在实际的控制过程中，由于机器人末端未建模动力学的影响等各种原因，会有位置偏差。由图 6-1 所示：参考位置输入 x_r 是内环位置控制系统的给定输入信号，是机器人末端的位置给定。但由于内环位置控制系统的不足，在位置输入和末端机器手的实际位置之间存在一定的误差。令 $\delta = x_r - x$ 表示位置误差，则式（6-9）的力误差微分方程可以改写为：

$$m_d\ddot{e} + b_d\dot{e} + (k_d + k_e)e = m_d\ddot{f}_r + b_d\dot{f}_r + k_df_r + k_dk_ex_e +$$
$$k_e[m_d\ddot{\delta} + b_d\dot{\delta} + k_d(\delta - x_d)] \tag{6-14}$$

假设位置内环最终达到稳定状态，那么稳态时 $\dot{\delta} = \delta = 0$；又因为给定的参考力；$f_r$ 为恒定值，则稳态力误差为：

$$e_{ss} = k_{eq}(\frac{f_r}{k_e} + x_e - x_d + \delta) \tag{6-15}$$

由此可见，稳态时位置误差 δ 包含在力误差 e_{ss} 之内，致使 e_{ss} 进一步增大。当已经获得精确的约束环境的位置和刚度并且机器人能够精确地进行位置伺服时，阻抗控制能够获得很好的力跟踪精度。但是在实际应用场合中，特别是机器人受到位置环境约束的时候，一般无法事先获得精确的环境位置和环境刚度，机器人的位置伺服误差也在所难免，此时就必须采取某种再现算法实时生成目标阻抗的参考运动轨迹，并采用适应或学习机制动态弥补机器人对环境机械特性理解的不足，否则阻抗控制很难用于对力控制有较高要求的柔顺性作业。因此为了解决环境位置、环境刚度的不确定性等引起的力控制误差，最直接的办法就是对环境参数进行实时在线准确估计。

基于位置的阻抗控制是水下机械手智能抓取力控制的常用方式。通过一维空间下基于位置的阻抗控制以及环境模型推导过程中，在实现期望的位置跟踪以及期望的触觉力跟踪过程的时候，由于抓取目标的刚度以及位置控制器无法直接得知，容易造成抓取过程中出现力跟踪静态误差，因此需要实时辨识抓取对象的刚度参数以及位置来实现期望位置调整以消除期望力跟踪的静态误差。然而，为了防止抓取过程中出现抓取目标的脱落或者抓取力过大损坏抓取目标，必须智能调整抓取的触觉力的大小，调整过程可以根据抓取目标的在线辨识实现抓取力智能调整，进而达到抓住目标消除力跟踪静态误差的同时实现期望触觉力跟踪。

6.3.2 基于位置的阻抗控制

阻抗控制可分为基于力矩的阻抗控制与基于位置的阻抗控制，以下以基于位置的阻抗控制设计控制律为例。基于位置的阻抗控制模型由阻抗控制外环与位置控制内环组成,控制结构图如图 6-2 所示。将期望跟踪力 F_d 与抓取力 F_e 差值输入外环阻抗控制器,由阻抗控制器得到期望位置的修正量 Δx,位置修正量 Δx 修正位置期望值得到位置控制量 x_c,x_c 作为机械手的实际跟踪期望值实现满足阻抗力条件下的位置跟踪,从而实现机械手的动力学特性。

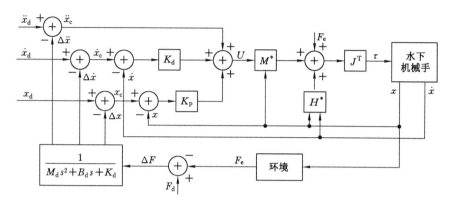

图 6-2 基于位置的阻抗控制系统框图

由图 6-2 可知,基于位置的阻抗控制满足式(6-6)力跟踪误差的阻抗模型方程,并且 $M^* = J^{-T}MJ^{-1}$,$H^* = J^{-T}H - M^*\dot{J}J^{-1}\dot{X}$,$K_p$、$K_d$ 为位置控制 PD 参数。运用计算力矩的位置控制方法实现位置控制律。由式(6-1)描述的机械手动力学系统,引入控制量 U:

$$F - F_e = M_x(q)U + C_x(q,\dot{q})\dot{x} + g_x(q) \tag{6-16}$$

由图 6-2 及式(6-7)可知 $U = \ddot{x}$,将上述定常系统引入带有偏差信号的 PD 控制,则控制律为:

$$U = \ddot{x}_c + K_d(\dot{x}_c - \dot{x}) + K_p(x_c - x) \tag{6-17}$$

由式(6-7)及式(6-8)可得:

$$(\ddot{x}_c - \ddot{x}) + K_d(\dot{x}_c - \dot{x}) + K_p(x_c - x) = 0 \tag{6-18}$$

这是一个标准的二阶系统,随着时间增加有 $x_c - x \to 0$,能保证机械手准确的位置跟踪。固定的期望力值和期望位置会使抓取力跟踪带来静态误差,只有设定机械手位置期望值为 $x_d = x_e + F_e/k_e$ 时,才能保证力信号与位置信号的完全跟踪[164]。然而实际应用中无法真实获取抓取目标的刚度与环境位置,易造成力跟踪静态误差。只有实时调整期望位置才能实现抓取力与位置对期望值的跟踪。固定的 F_d 值无法实现抓取目标的多样性,所以通过辨识抓取目标的阻抗参数与运动速度通过模糊控制器,在线调整抓取力值。

6.4 自适应阻抗控制实现

6.4.1 递推最小二乘法参数辨识

水下抓取目标由于抓取对象的不同,其刚度系数与形状也不相同,这些信息反映了抓取目标的特征。为了实现期望力跟踪以及期望位置控制,要对抓取目标的参数进行在线辨识。这里采用最小二乘法实现目标的刚度与阻尼辨识。设抓取目标是阻抗特性的,即为无源的,为弹簧-阻尼模型:

$$f_e = \hat{k}_e x + \hat{m} \tag{6-19}$$

式中,$\hat{k}_e$ 为抓取目标的估计刚度;$\hat{m}$ 为与抓取目标刚度和环境位置有关的常数。根据最小二乘原理,建立递推式最小二乘计算方法,式(6-19)中 $\hat{k}_e$、$\hat{m}$ 最优估计值可以表示为:

$$\begin{cases} \hat{k}_e = \dfrac{\displaystyle\sum_{i=1}^{n} x(i) f_e(i) - n\bar{x}(n)\bar{f}_e(n)}{\displaystyle\sum_{i=1}^{n} x^2(i) - n\bar{x}^2(n)} \\[4mm] \hat{m} = \bar{f}_e(n) - \hat{k}_e \bar{x}(n) \end{cases} \tag{6-20}$$

式中,$x(i)$、$f_e(i)$ 为位移、抓取力采样序列;$\bar{x}(n)$、$\bar{f}_e(n)$ 为对应序列的第 n 次采样平均值。由式(6-20)可知,随着时间推移,计算数据会越来越大,影响整体控制进程。为了节约运算时间,设计了递推式最小二乘估计。设第 n 次运算中的项为:$A(n) = \sum_{i=1}^{n} x(i) f_e(i)$,$B(n) = \sum_{i=1}^{n} x^2(i)$,$\bar{x}(n) = \dfrac{1}{n} \sum_{i=1}^{n} x(i)$,$\bar{f}_e(n) = \dfrac{1}{n} \sum_{i=1}^{n} f_e(i)$,则第 $n+1$ 次最小二乘计算公式为:

$$\begin{cases} A(n+1) = A(n) + x(n+1) f_e(n+1) \\[2mm] B(n+1) = B(n) + x^2(n+1) \\[2mm] \bar{x}(n+1) = \dfrac{n}{n+1}\bar{x}(k) + \dfrac{x(n+1)}{n+1} \\[2mm] \bar{f}_e(n+1) = \bar{f}_e(n) + \dfrac{f_e(n+1)}{n+1} \end{cases} \tag{6-21}$$

将 $A(n+1)$、$B(n+1)$、$\bar{x}(n+1)$、$\bar{f}_e(n+1)$ 代入式(6-21),获取第 $n+1$ 次的 $\hat{k}_e$、$\hat{m}$ 值。得到修正的环境动力学参数 $\hat{k}_e$、$\hat{m}$ 后,利用这些参数估计给定抓取力期望值。

6.4.2 期望力模糊调整

根据抓取目标的特征实时调整机械手末端与抓取目标之间的期望力,是防止抓取目标脱落与抓取损伤的重要途径。根据抓取过程中机械阻抗的特点提出了期望力在线模糊调整算法:

$$f_d(k) = f_d(k-1) + \gamma \Delta f_c \tag{6-22}$$

式中,$f_d(k)$、$f_d(k-1)$分别为k、$k-1$时刻机械手末端和抓取目标之间作用力的期望值;$\gamma \in [-1,1]$为根据抓取目标阻抗参数调整期望力的调整系数;Δf_c为常数,表示期望力信号每次调节的最大变化范围。利用模糊推理控制实现期望力调整[165],输入变量取为质量$\hat{k}_e$与机械手末端位置变化量x_{er},输出变量为调整系数γ。其中$\hat{k}_e$反映了抓取目标的软硬程度,而$x_{er} = x(k) - x(k-1)$为机械手末端位置变化量,反映了机械手的运动趋势。设模糊控制器的设计规则如下:

(1) 当$\hat{k}_e$为零时,无论x_{er}如何,说明从机械手没有和外界接触,应取γ为零,对期望力$f_d(k)$保持恒定的初始值。

(2) 当$\hat{k}_e$比较大,x_{er}较小时,说明从机械手接触物体的刚度系数较大,应调大$f_d(k)$值,故取正的γ值,增大期望力以防止抓取目标脱落。

(3) 当$\hat{k}_e$比较小,x_{er}较大时,说明从机械手接触物体的刚度系数较小,应调小$f_d(k)$值,故取负的γ值,减小期望力以防止抓取损坏目标。

根据以上模糊规则建立输入到输出的模糊规则表。输入变量为辨识的抓取目标刚度系数$\hat{k}_e$与机械手操作空间位移变化量Δx_r,输出为期望力值调节系数γ。在模糊化过程中,模糊语言变量分为5个子项:负大(NB)、负小(NS)、零(ZE)、正小(PS)、正大(PB),期望力调整模糊推理规则如表6-1所示。为了防止无限制调整期望力,在期望力调整过程中加入上下界限幅约束。通过实时辨识的阻抗参数与运动参数来自动调节期望力,实现对抓取目标的抓取柔顺性。

表 6-1 期望力调整模糊推理规则表 γ

$\hat{k}_e$	x_{er}				
	NB	NS	ZE	PS	PB
NB	NS	NS	ZE	PS	PS
NS	NS	ZE	ZE	ZE	PS
ZE	ZE	ZE	ZE	ZE	ZE
PS	NS	ZE	ZE	ZE	PS
PB	NS	NS	ZE	PS	PS

6.4.3 期望位置自适应调整

固定的力期望值与期望位置会使抓取力跟踪带来静态误差,只有实时调整期望力位置才能实现力与位置的跟踪。笔者设计了自适应 PID 算法实现期望位置信号的自适应调整,即通过期望力与抓取力的偏差自适应修改期望位置信号,在期望力跟踪值 x_d 加入调节信号[166],即:

$$x_d = x_{d0} + \Delta x_f \qquad (6\text{-}23)$$

x_{d0} 为初始设定期望位置,它的作用是保证参考位置的连续性,使得不会因为 x_d 的大变化而导致机械手的运动不稳定。Δx_f 为期望位置调节量,保证实际的抓取力信号跟踪标准的力信号。由于 Δx_f 的加入,调节机械手的期望位置就可以调整力跟踪静态误差,将 Δx_f 表示为如下的形式:

$$\Delta x_f = c(t) + p(t)e(t) + d(t)\dot{e}(t) \qquad (6\text{-}24)$$

式中,$e(t) = F_d - F_e$ 为力跟踪误差信号;$p(t)$ 和 $d(t)$ 分别是比例和微分因子;$c(t)$ 为用于补偿静态误差的辅助函数项。多维变量可以通过解耦变为一维变量,式(6-6)中二维空间可以解耦成两个一维空间,为不失一般性,这里依然只分析一维空间情形。阻抗控制模型式(6-6)可写为:

$$m_d(\ddot{x}_d - \ddot{x}) + b_d(\dot{x}_d - \dot{x}) + k_d(x_d - x) = f_d - f_e \qquad (6\text{-}25)$$

将式(6-5)、式(6-14)和式(6-15)式代入阻抗模型式(6-25)中,期望位置 x_d 在非自适应调节下可以看成是一个常数,在自适应 PID 调节过程中依然将其近似成一个常数,令 $\ddot{x}_d = \dot{x}_d = 0$,得到带有调节因子的系统误差方程:

$$\ddot{e} + \left(\frac{b_d + k_e k_d d(t)}{m_d}\right)\dot{e} + \left(\frac{k_d - k_e + k_d k_e p(t)}{m_d}\right)e = \frac{k_d(f_d + k_e x_e - k_e c(t) - k_e x_{d0})}{m_d}$$

$$(6\text{-}26)$$

使用模型参考自适应阻抗控制(MRAC)方法,利用李雅普诺夫稳定理论设计自适应阻抗控制律,式(6-26)为模型参考自适应中的可调系统,调整系数 $c(t)$、$p(t)$ 和 $d(t)$ 以实现缩小实际力误差 $e(t)$ 与期望力误差 $e_m(t)$ 的差值,使得实际系统的响应跟随参考模型的响应。

期望力误差 $e_m(t)$ 的轨迹由参考模型决定,参考模型设计为如下的理想二阶系统:

$$\ddot{e}_m + a_m \dot{e}_m + b_m e_m = 0 \qquad (6\text{-}27)$$

利用李雅普诺夫稳定性设计方法来求解自适应律,令:

$$\begin{cases} a_{\mathrm{p}}(t) = \dfrac{b_{\mathrm{d}} + k_{\mathrm{e}} k_{\mathrm{d}} d(t)}{m_{\mathrm{d}}} \\[3mm] b_{\mathrm{p}}(t) = \dfrac{k_{\mathrm{d}} - k_{\mathrm{e}} + k_{\mathrm{d}} k_{\mathrm{e}} p(t)}{m_{\mathrm{d}}} \\[3mm] \beta_0(t) = \dfrac{k_{\mathrm{d}}(f_{\mathrm{d}} + k_{\mathrm{e}} x_{\mathrm{e}} - k_{\mathrm{e}} c(t) - k_{\mathrm{e}} x_{\mathrm{d}0})}{m_{\mathrm{d}}} \end{cases} \tag{6-28}$$

则式(6-26)可简化为：

$$\ddot{e} + a_{\mathrm{p}}(t)\dot{e} + b_{\mathrm{p}}(t)e = \beta_0(t) \tag{6-29}$$

由式(6-27)减去式(6-29)，可得参考模型与实际模型误差方程的状态空间表示为：

$$\dot{E}_{\mathrm{e}} = \begin{bmatrix} 0 & 1 \\ -b_{\mathrm{m}} & -a_{\mathrm{m}} \end{bmatrix} E_{\mathrm{e}} + \begin{bmatrix} 0 & 1 \\ b_{\mathrm{p}}(t) - b_{\mathrm{m}} & a_{\mathrm{p}}(t) - a_{\mathrm{m}} \end{bmatrix} \begin{bmatrix} e \\ \dot{e} \end{bmatrix} + \begin{bmatrix} 0 \\ -\beta_0(t) \end{bmatrix} \tag{6-30}$$

式(6-31)中，$E_{\mathrm{e}} = \begin{bmatrix} e_{\mathrm{m}} - e \\ \dot{e}_{\mathrm{m}} - \dot{e} \end{bmatrix}$，为状态向量。根据李雅普诺夫稳定定理构造二次型形式的能量函数 $V(E_{\mathrm{e}}, t)$：

$$\begin{aligned} V(E_{\mathrm{e}}, t) &= \frac{1}{2} E_{\mathrm{e}}^{\mathrm{T}} P E_{\mathrm{e}} + \frac{1}{2} Z^{\mathrm{T}} R Z \\ &= \frac{1}{2} E_{\mathrm{e}}^{\mathrm{T}} P E_{\mathrm{e}} + \frac{1}{2}\omega_0 (b_{\mathrm{p}}(t) - b_{\mathrm{p}})^2 + \frac{1}{2}\omega_1 (a_{\mathrm{p}}(t) - a_{\mathrm{m}})^2 + \frac{1}{2}\omega_2 \beta_0^2(t) \end{aligned} \tag{6-31}$$

式(6-31)中，$Z = \begin{bmatrix} b_{\mathrm{p}}(t) - b_{\mathrm{m}} \\ a_{\mathrm{p}}(t) - a_{\mathrm{m}} \\ \beta_0(t) \end{bmatrix}$，$R = \begin{bmatrix} \omega_0 & & \\ & \omega_1 & \\ & & \omega_2 \end{bmatrix}$，$P = \begin{bmatrix} p_1 & p_2 \\ p_2 & p_3 \end{bmatrix}$。$\omega_0, \omega_1, \omega_2$ 均为任意正常数，P 为任意一个非奇异正定矩阵，显然 $V(E_{\mathrm{e}}, t)$ 正定。对 $V(E_{\mathrm{e}}, t)$ 求导得：

$$\begin{aligned} \dot{V}(E_{\mathrm{e}}, t) = & -\frac{1}{2} E_{\mathrm{e}}^{\mathrm{T}} Q E_{\mathrm{e}} + (b_{\mathrm{p}}(t) - b_{\mathrm{m}})(\chi e + \omega_0 \dot{b}_{\mathrm{p}}(t)) + \\ & (a_{\mathrm{p}}(t) - \alpha_{\mathrm{m}})(\chi \dot{e} + \omega_1 \dot{a}_{\mathrm{p}}(t)) + \beta_0(t)(\omega_2 \dot{\beta}_0(t) - \chi) \end{aligned} \tag{6-32}$$

式(6-32)中，$\chi(t) = p_2(e_{\mathrm{m}} - e) + p_3(\dot{e}_{\mathrm{m}} - \dot{e})$。其中 Q 为给定的正定矩阵，满足李雅普诺夫稳定性条件：$A_{\mathrm{m}}^{\mathrm{T}} P + P A_{\mathrm{m}} = -Q$。根据李雅普诺夫稳定性定理，只要保证式(6-32)后三项为零即可。由此可得：

$$\dot{a}_{\mathrm{p}}(t) = -\frac{\chi \dot{e}}{\omega_1}, \dot{b}_{\mathrm{p}}(t) = -\frac{\chi e}{\omega_0}, \dot{\beta}_0(t) = \frac{\chi}{\omega_2} \tag{6-33}$$

可得系数 $c(t)$、$p(t)$ 和 $d(t)$ 的自适应调整率为式(6-34)。

$$\begin{cases} \chi(t) = -(\lambda_p e(t) + \lambda_v \dot{e}(t)) \\[2mm] d(t) = d_0 - \eta \int_0^t \chi(t)\dot{e}(t)\mathrm{d}t \\[2mm] p(t) = p_0 - \mu_2 \int_0^t \chi(t)e(t)\mathrm{d}t \\[2mm] c(t) = c_0 - \mu_1 \int_0^t \chi(t)\mathrm{d}t \end{cases} \qquad (6\text{-}34)$$

式中，λ_p、λ_v、η、μ_1 和 μ_2 为较小正数；d_0、p_0、c_0 分别为三个时变系数初始化时刻的值。分别根据期望力与实际力误差对 $d(t)$、$p(t)$ 和 $c(t)$ 进行实时调整，得到了一个位置的较小修正量输入到经典阻抗控制器的调整项当中，起到了间接调整期望位置的作用。根据式 $\Delta x_f = c(t) + p(t)e(t) + d(t)\dot{e}(t)$ 得到轨迹修正量表达式，进而由式 $x_d = x_{d0} + \Delta x_f$ 得到参考轨迹的表达式，满足了参考位置跟踪下的标准力信号跟踪。

6.5　仿真与验证

为验证所提出的自适应阻抗控制算法的有效性，现给出二自由度旋转机械手模型的仿真试验，其中二关节机械手模型如图 6-3 所示。设水下机械手具体参数为：$m_1 = 0.1\ \mathrm{kg}$，$m_2 = 0.1\ \mathrm{kg}$，$l_1 = 0.04\ \mathrm{m}$，$l_2 = 0.04\ \mathrm{m}$。设目标阻抗参数 $M_d = \mathrm{diag}(1,1)$，$B_d = \mathrm{diag}(20,20)$，$K_d = \mathrm{diag}(15,15)$，模糊力调节量 $\Delta f_c = 0.01\ \mathrm{N}$，假设干扰力矩为：设 τ_d 为时间函数，且为可测量，为 $\tau_d = [2\sin(t);\ \ 2\sin(t)]$。验证两种仿真，第一种验证不加辨识，通过自适应算法直接实现系统对变力期望信号的跟踪，第二种是加上目标辨识，实现对不同对象的抓取验证。

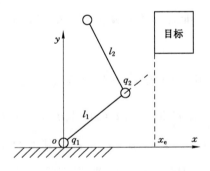

图 6-3　二关节机械手仿真模型图

仿真一为了验证对变力跟踪的有效性，直接设定一个变化力信号做跟踪试验。在 x 轴方向上设定力跟踪信号为 $f_d = 10 + \sin(t)\ \mathrm{N}$，$y$ 轴方向设定为 $0\ \mathrm{N}$。设定环境位置

$x_e＝0.05$ m,期望位置设定为 0.1 m,仿真结果如图 6-4、图 6-5 所示。

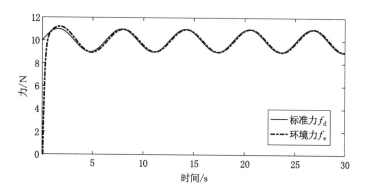

图 6-4　水下机械手自适应控制力跟踪曲线图

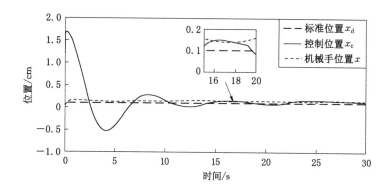

图 6-5　水下机械手自适应控制位置跟踪曲线图

由图 6-4、图 6-5 可知,机械手抓取满足对变化的力跟踪,由于环境位置的阻碍作用,机械手跟踪控制位置到抓取目标表面,但实际位置与期望位置有一个误差。自适应控制器将期望位置调整到满足力信号跟踪的位置处,由于期望力信号的变化引起了期望位置的变化,但依然保证机械手的位置不变,满足了机械手抓取以及期望力信号控制。

仿真二加入在线辨识抓取目标阻抗方法,通过目标阻抗自适应调节期望力实现机械手的抓取力信号跟踪。由于 x 方向与 y 方向跟踪相似,这里只考虑 x 方向上的跟踪。由于机械手抓取目标的空间有限,抓取目标的运动范围可以经验设定,这里设置期望位置为 0.1 m。抓取力初始值为 5 N,环境位置 $x_e＝0.05$ m。设抓取目标的阻抗参数 k_e 为 $1\ 000$ N/m 和 300 N/m,仿真结果分别如图 6-6～图 6-8、图 6-9～图 6-11 所示。

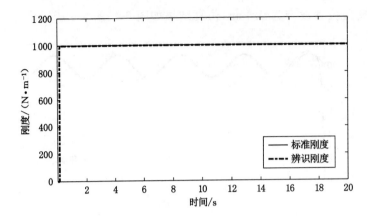

图 6-6　自适应控制目标阻抗辨识曲线图($k_e = 1\ 000\ \mathrm{N/m}$)

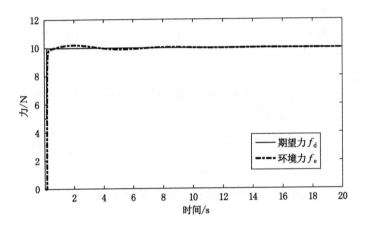

图 6-7　自适应控制力跟踪曲线图($k_e = 1\ 000\ \mathrm{N/m}$)

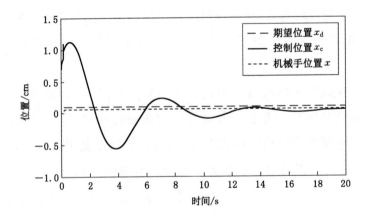

图 6-8　自适应控制位置跟踪曲线图($k_e = 1\ 000\ \mathrm{N/m}$)

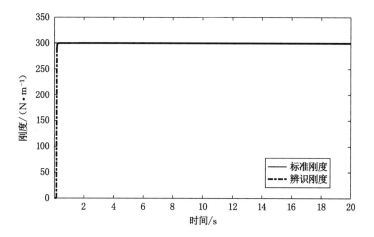

图 6-9 自适应控制目标阻抗辨识曲线图($k_e = 300\ \text{N/m}$)

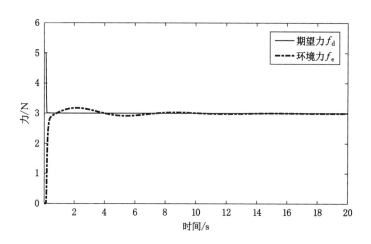

图 6-10 自适应控制力跟踪曲线图($k_e = 300\text{N/m}$)

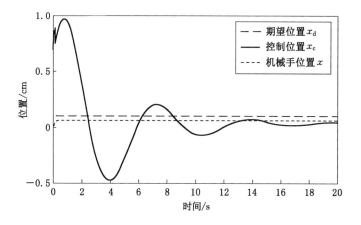

图 6-11 自适应控制位置跟踪曲线图($k_e = 300\ \text{N/m}$)

由图 6-6～图 6-8、图 6-9～图 6-11 可知,整体系统辨识出目标阻抗后,根据阻抗参数模糊推理出需要抓取目标的力期望值。自适应控制实现期望位置调整,保证了位置跟踪。机械手由自由空间到约束空间过渡过程中,力控制有很好的柔顺性能,但是控制位置有一个小的波动,不影响实际位置跟踪。根据阻抗参数调整期望力值,机械手位置越过环境位置并抓住抓取目标。实现了抓取力目标值在机械手上的跟踪,抓住过程类似在目标表面形成一个凹陷,保证了既能抓住又能实现抓取力控制的特点。

6.6 本章小结

为了实现水下机械手目标抓取多样性,对机械手进行柔顺性控制以适应水下未知环境,在传统阻抗控制方法的基础上,提出了自适应阻抗控制方法。通过一维空间下基于位置的阻抗控制以及环境模型推导过程中,在实现期望的位置跟踪以及期望的触觉力跟踪过程的时候,由于抓取目标的刚度以及位置控制器无法直接得知,容易造成抓取过程中出现力跟踪静态误差,因此需要实时辨识抓取对象的刚度参数以及位置来实现期望位置调整以消除期望力跟踪的静态误差。

所设计的自适应阻抗控制方法以阻抗控制外环、位置控制内环为核心,分别设定抓取期望力与期望位置,利用递推最小二乘法在线辨识抓取目标的阻抗参数,根据辨识的目标阻抗特征与运动属性通过模糊控制在线调节期望力,通过自适应 PID 实时调节期望位置,实现了在机械手跟踪期望位置的同时实现对期望力的跟踪,保证抓取力对目标抓住、抓牢并防止损伤抓取目标。通过在 Matlab/Simulink 平台上进行仿真,验证了该方法的有效性。

7 水下触觉力传感器设计、分析、试验、标定

7.1 引 言

由于水下的特殊环境,水深引起的压强会对触觉力传感器产生干扰,如果直接用传感器测量触觉力,会出现大水压引起的信号变化造成触觉力测量分辨困难的问题,当前非水下环境的触觉力传感器不能直接用于水下。一般情况下目前使用的水下机械手没有触觉力测量功能,在水下机械手实现水下样本抓取的过程中,一般通过控制室内的摄像机观察水下环境,控制机械手移动到抓取目标合适位置实现样本的抓取。由于缺少力觉感知功能,会造成抓取目标的损坏,或者由于视线限制造成抓取不牢引起目标脱落的问题。由于缺少力觉感知,水下机械手在作业过程中针对静止目标或者运动迟缓目标可以很方便地实施抓住、抓牢,完成抓取任务,但是对于运动的物体或者动态目标,就会由于操作者缺少快速决策造成抓取困难,或者无法完成抓取任务,如图 7-1 所示针对动态运动的生物,机械手就会因无法抓取造成动态生物无法采集的问题。作为常见的物理参数,对水下机械手力觉感知技术进行深入的研究,提高作业能力,提高其智能化水平,具有重要的理论意义和使用价值。

在水下触觉力测量传感器设计中,主要由两种测量方式[167]。第一种测量方式是检测手部力的方式,可以通过直接检测由腕部上的力产生三个轴向力和三个轴向力矩,采用应变片实现六维力-力矩测量,将其安装在腕部上实现。可以提高机械手的控制性能,但是腕部结构相对复杂,充油式压力平衡的力传感器还是在试验阶段,并没有实现市场化推广。第二种方式是检测关节的力矩,由应变片检测关节的力矩或者检测关节的液压驱动装置的进、回油压力差实现力矩检测。但是此种方式受到重力以及关节驱

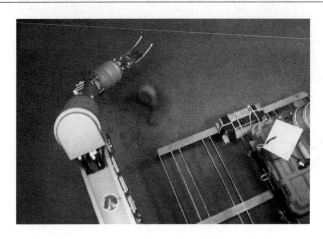

图 7-1　水下机械手抓取动态目标丢失示意图

动装置摩擦影响难以测得准确的力信号[168]。水下机器人用的触觉力传感器,能够判断是否与作业对象接触或者抓取的保持状况,多用于灵巧手手指实现精密作业,同时,可以判断抓取对象的柔韧程度以及抓取对象在手指接触的位置判定,给操作带来临场感,进而提高作业性能[169]。高质量的力传感器是机械手完成智能作业的基础,而由于受到水压力、密封、腐蚀等问题的影响,给触觉力传感器的研制与生产带来限制[170]。

由于水下的复杂环境而使水下机械手存在抓取对象未知、临场性差等问题,所以含力觉感知的水下灵巧手是重要的发展方向[171]。触觉力传感器是实现水下灵巧手触觉力感知的重要设备,随着微机电系统(MEMS)技术的发展,机器人触觉力传感器得到了迅速的发展,但由于水下复杂的环境而限制了水下触觉力传感器的应用。其主要表现在于[172]:水的静态压力随着水深增加而增大,并影响触觉力传感器的测量精度;水流动产生的阻力及惯性力对触觉力测量产生干扰,甚至使传感器产生误动作;海水的盐度、密度对水下触觉力传感器的防腐、密封和绝缘产生影响,并对其绝缘性及密封性提出更高的要求。因此,研究水下触觉力测量方法以及水下触觉力传感器设计,对于水下触觉力传感器的结构设计具有指导意义。

触觉是指人与环境或者物体相接触的感觉,主要包括力觉、温度、湿度、粗糙程度等。其中触觉力或者力矩是与外界物体接触时的反作用信息,是重要的物理量。力传感器用于机器人与操作对象之间的作用力以及对对象的夹持力的检测等。当作用力发生时,作为力觉敏感元件的弹性体发生形变,电阻应变片、压电元件、半导体元件等感受材料的弹性变形,实现力信号的转换。由于机器人与操作对象之间的作用力大多数为多维力的状态,且单维力传感器技术已经相当成熟,所以目前机器人力传感器的研究主要集中在多维力传感器。机器人多维力传感器是用于同时测量三维空间中多维力信息的力觉传感器。在三维空间中,全力信息有六个分量,即沿三个坐标轴的力分量和绕三个坐标轴的力矩分量,获取的全力信息传感器至少是六维的[173]。多维力传感器大多在机器人的腕部,称为多维腕力传感器。结构上小型化的多维力传感器可以装在机器人手爪的指尖上,称为指力传感器。多维力传感器装在机器人其他关节上称为关节力传感器,驱动装置直接通过测量关节力以实施关节运动的控制[174]。多维力传感器装在机座上,机器人装配作业时用来测量安装在工作台上工件所受的力,称为基座力传感器。装在移动机器人脚下的多维力传感器称作脚力传感器[175]。

力感知是机器人可靠抓握物体并且完成各种精细作业的重要保证。根据人体皮肤感知外界信息的原理设计了以阵列式触觉力测量传感器组成的力测量传感器,保证了灵巧手抓取样本的方向性以及位置感知。针对水下触觉力测量中存在的水的静态压力高、密封性等问题,设计了以硅杯为敏感单元的胶囊式触觉力测量传感器,其一侧可感知水压与触觉力信息,另一侧可测量水压信息,从而实现了水的静态压力矢量叠加下的触觉力测量。同时,利用弹性力学与板壳理论分析推导了方形硅杯底部的应力分布,并通过 Ansys 软件分析了硅杯底部的应力和应变分布,保证了深水环境下触觉力传感器的可靠性[176]。

本章针对水下触觉力测量遇到的水下大静压、密封性等问题,设计了面向水下灵巧手的触觉力传感器。如图 7-2 所示,将传感器安装在灵巧手手指上组成阵列传感器,实现了触觉力测量的抓取目标位置感知以及力觉感知。该传感器以硅杯为敏感单元、胶囊式触觉力测量传感器。该胶囊式传感器一侧可感知水压与触觉力信息,另一侧可测量水压信息,实现了水静态压力矢量叠加下的触觉力测量。利用弹性力学与板壳理论分析推导了硅杯方形底部的应力分布,为硅杯测力敏感单元在硅杯底部的分布提供理论依据,并通过 Ansys 分析了硅杯底部的应力、应变分布,保证了大水深环境下的触觉力传感器的可使用性。并对所设计的触觉力传感器做了 6 m 深度下的测量试验,实现了 6 m 水深 30 N 触觉力施加,满足了线性变化。并对传感器实现了零点试验以及温度试验。

利用弹性力学与板壳理论分析推导了硅杯方形底部的应力分布,为硅杯测力敏感单元在硅杯底部的分布提供理论依据,并通过 Ansys 分析了硅杯底部的应力、应变分布,保证了大水深环境下的触觉力传感器的可使用性。通过对设计的传感器的试验验证了传感器的实用性及可靠性。

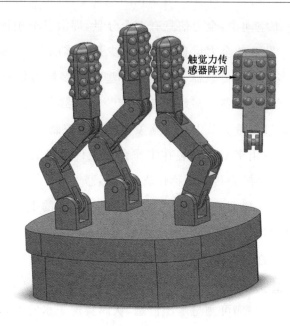

图 7-2　包含触觉力阵列水下灵巧手示意图

7.2　灵巧手设计及力传感器结构

　　如图 7-2 所示所提出的水下灵巧手,每个手指有三个自由度,每一个关节由电机驱动实现转动,其中电机安装在手掌内部,通过钢丝绳与手指关节连接实现驱动力传递。灵巧手指具有结构简单、控制方便的特点。根据人体皮肤感知外部信息的原理,在灵巧手手指的远端指间关节安装独立的触觉力传感器阵列。触觉力传感器阵列由两种形式的触觉力传感器组成:一种是可以测量抓取样本的竖直方向的抓取力,由八个力测量传感器组成;另一种可测量侧面的受力,每一面由四个触觉力传感器组成。

　　将触觉力传感器分布在灵巧手手指远端指间关节的表面,实现抓取样本时垂直抓取面的触觉力信息获取并且可以测量侧向的触觉力信息,从而保证三维力信息空间获取,并且提供给灵巧手是否抓取样本、抓取力值的位置信息。

　　针对设计触觉力传感器,结合硅压力传感器测压原理,设计了胶囊式力测量结构。如图 7-3 所示,每个触觉力传感器整体呈胶囊形状,上下有两个柔性触头感受外力,柔性触头为半球形。仿造人体皮肤感知外界信息原理,球形触头由橡胶材料构成,其质软并保持半球形,可以很好地将外部压力信息无损失地传递给内部硅油。上部可以测量触觉力信息与水压力信息,下部触头感知水压力信息。通过内部硅油将上下侧压力导引至力测量单元的硅杯上下侧,保证水静态压力矢量叠加下的触觉力测量,防止水深压强将触觉力信号淹没,实现了硅杯上下侧感知触觉力信息。差压式触觉力信号以硅杯阻值变化为测量方法,通过导线构成惠斯登电桥输出。

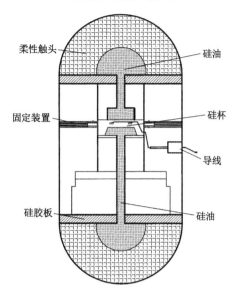

图 7-3　胶囊式力传感器原理图

当灵巧手不存在触觉力时,硅杯上下两侧压力为水压,硅杯不发生形变。当灵巧手抓取物体时存在触觉力,致使硅杯上表面压力增大,而硅杯的形变仍然由触觉力引起,依然测得触觉力信息。利用单晶硅腐蚀工艺在硅杯底部的高应力区腐蚀出四个力敏感元件,利用硅杯式结构,避免了应变片因为黏合工艺带来的精度损失。利用应变与阻值变化的线性对应输出就可以实现压力的测量,硅杯底部应变与应力分析是整个测量的核心。

7.3　硅杯底部受力分析数学建模

硅杯底部是整个力敏感测量单元的核心,四个应变元件组成的硅杯底弹性体是力测量技术的主要组成部分。硅杯弹性体的制造过程是在单晶硅表面溅射保护膜(如 SiO_2 和 Si_3N_4)[177],应变元件的位置由保护膜的光刻工艺决定,实现了真空溅射力敏感材料保护膜(Ti)和力敏材料(如 Au),通过剥离和清洗力敏材料,实现了四个应变元件的制作。在单晶硅的底部,通过光刻和各向异性腐蚀液体(如 KOH)蚀刻,形成了硅杯的腔体,完成了整个硅杯弹性体系统。硅胶弹性体上的四个应变元件通过导线被引到外面,形成一个惠斯通电桥,将电桥阻值变化转换为电压的变化。而硅胶弹性体和保护壳构成传感器核心的核心,可以在商业市场上购买。通过惠斯通电桥的应变与输出的线性关系,实现了压力测量,使硅杯弹性体底部的应变和应力分析成为整个测量的核心[178]。采用 MEMS 技术和集成电路工艺制作的硅杯,假设硅杯材料均匀、结构均匀,分析硅杯底部在均匀载荷下的应力、应变信息。

7.3.1 硅杯底部的数学模型

硅杯底部受到上、下侧的压力,可将其视为四边固定支、厚度比边长小很多的方形薄板。假设方形薄板尺寸为 $a \times b \times h$,如图 7-4 所示。在方形薄板受到均匀载荷 p_0 的作用下,假设硅杯底部满足基尔霍夫假设,硅杯的挠度远小于薄板,则可认为满足小挠度理论。

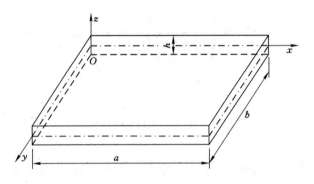

图 7-4 四边固定方形薄板

结合薄板弯曲理论,利用弹性力学的平衡微分方程、几何方程和物理方程[179],可将薄板内任一点的应力分量用薄板挠度表示。则薄板内任一点的弯曲应力与剪应力分别为:

$$\begin{cases} \sigma_x = -\dfrac{Ez}{1-\mu^2}\left(\dfrac{\partial^2 w}{\partial x^2} + \mu\dfrac{\partial^2 w}{\partial y^2}\right) \\[2mm] \sigma_y = -\dfrac{Ez}{1-\mu^2}\left(\dfrac{\partial^2 w}{\partial y^2} + \mu\dfrac{\partial^2 w}{\partial x^2}\right) \\[2mm] \tau_x = -\dfrac{Ez}{1+\mu}\dfrac{\partial^2 w}{\partial x \partial y} \end{cases} \tag{7-1}$$

式中,w 为薄板上任一点的挠度;z 为以应变薄板中面为 xOy 面的任一点竖坐标;σ_x 为方形薄板横向应力;σ_y 为纵向应力;τ_{xy} 为剪应力;E、μ 为材料弹性模量和泊松比。

7.3.2 硅杯底部受力分析

本章利用里兹法分析薄板的挠度与应力分布,里兹法是建立在最小势能原理基础上的一种近似分析方法,其基本思路是位移的级数展开式取有限项,使无限多个位置参数变为有限个,并根据最小势能原理应用势能的驻值条件来求解。采用里兹法求解均布载荷下的四边固定方形薄板的挠度 w,薄板的边界条件为:

$$\begin{cases} w\mid_{x=0}=0; \quad w\mid_{y=0}=0; \\[2mm] w\mid_{x=a}=0; \quad w\mid_{y=b}=0; \\[2mm] \dfrac{\partial^2 w}{\partial x^2}\mid_{x=0}=0; \quad \dfrac{\partial^2 w}{\partial y^2}\mid_{y=0}=0; \\[2mm] \dfrac{\partial^2 w}{\partial x^2}\mid_{x=a}=0; \quad \dfrac{\partial^2 w}{\partial y^2}\mid_{y=b}=0; \end{cases} \tag{7-2}$$

将一个无限自由度体系用有限自由度体系来代替,并根据最小势能原理求解近似解。设选取式(7-3)作为满足边界条件的重三角级数展开式,其中 K_{mn} 为均匀载荷 p_0 作用下与 x、y 无关的重三角级数展开系数。

$$w=\sum_{m=1}^{\infty}\sum_{n=1}^{\infty}K_{mn}(1-\cos\frac{2m\pi x}{a})(1-\cos\frac{2n\pi y}{b}) \tag{7-3}$$

四边固支条件下全部边界均为给定位移的边界,很显然,式(7-3)级数的每一项都满足四边固支边界条件。则板的弹性变形能为:

$$U=\frac{D}{2}\iint_A(\frac{\partial^2 w}{\partial x^2}+\frac{\partial^2 w}{\partial y^2})^2\mathrm{d}x\mathrm{d}y$$

$$=\frac{D}{2}\int_0^a\int_0^b\left\{\sum_{m=1}^{\infty}\sum_{n=1}^{\infty}4\pi^2 K_{mn}\left[\frac{m^2}{a^2}\cos\frac{2m\pi x}{a}(1-\cos\frac{2n\pi y}{b})+\frac{n^2}{b^2}\cos\frac{2n\pi y}{b}(1-\cos\frac{2m\pi x}{a})\right]\right\}^2\mathrm{d}x\mathrm{d}y$$

$$=2D\pi^4 ab\left\{\sum_{m=1}^{\infty}\sum_{n=1}^{\infty}\left[3\left(\frac{m^4}{a^4}\right)+3\left(\frac{n^4}{b^4}\right)+2\left(\frac{m^2}{a^2}\right)\left(\frac{n^2}{b^2}\right)\right]K_{mn}^2+\right.$$

$$\left.\sum_{m=1}^{\infty}\sum_{r=1}^{\infty}\sum_{s=1}^{\infty}2\left(\frac{m^4}{a^4}\right)K_{mr}K_{ms}+\sum_{r=1}^{\infty}\sum_{s=1}^{\infty}\sum_{n=1}^{\infty}2\left(\frac{n^4}{b^4}\right)K_{rn}K_{sn}\right\} \tag{7-4}$$

式中,A 代表板的平面区域;D 代表板的弯曲刚度,由式(7-5)表示。

$$D=\frac{Ez^3}{12(1-\mu^2)} \tag{7-5}$$

在均匀载荷 p_0 作用下,外部势能 V 为:

$$V=-\int_0^a\int_0^b p_0\sum_{m=1}^{\infty}\sum_{n=1}^{\infty}K_{mn}(1-\cos\frac{2m\pi x}{a})(1-\cos\frac{2n\pi y}{b})\mathrm{d}x\mathrm{d}y$$

$$=-p_0 ab\sum_{m=1}^{\infty}\sum_{n=1}^{\infty}K_{mn} \tag{7-6}$$

由式(7-4)和式(7-6)可得板的总位能为:$\varPi=U+V$,由最小势能原理[180]得 K_{mn} 的选择应满足$\partial\varPi/\partial K_{mn}=0$,根据 $\varPi$ 取极值的条件可得:

$$4\pi^4 Dab\left\{\left[3\left(\frac{m^4}{a^4}\right)+3\left(\frac{n^4}{b^4}\right)+2\left(\frac{m^2}{a^2}\right)\left(\frac{n^2}{b^2}\right)\right]K_{mn}+\sum_m 2\left(\frac{m^4}{a^4}\right)K_{mr}+\sum_n 2\left(\frac{n^4}{b^4}\right)K_{rn}\right\}-p_0ab=0$$

$$(7-7)$$

由式(7-7)对结果做近似处理,取函数中的第一项得:

$$K_{11}=\frac{p_0a^4b^4}{4\pi^4D(3b^4+3a^4+2a^2b^2)}\qquad(7-8)$$

将式(7-8)代入式(7-3),取级数第一项得薄板的挠度:

$$w=\frac{p_0a^4b^4(1-\cos\dfrac{2\pi x}{a})(1-\cos\dfrac{2\pi y}{b})}{4\pi^4D(3b^4+3a^4+2a^2b^2)}\qquad(7-9)$$

利用 Von-Mises 等效应力分析硅杯底部整体应力分布。Von-Mises 等效应力是指在复杂应力状态下,将应力组合与单向拉伸时应力状态的屈服极限相比较,来衡量材料屈服状态的一个物理量[181]。Von-Mises 等效应力表达式为:

$$\sigma_{V-M}=\sqrt{\frac{[(\sigma_x-\sigma_y)^2+(\sigma_y-\sigma_z)^2+(\sigma_z-\sigma_x)^2+6(\tau_{xy}+\tau_{yz}+\tau_{zx})^2]}{2}}\quad(7-10)$$

根据薄板特征,令 $\sigma_z=\tau_{yz}=\tau_{zx}=0$,将式(7-1)代入式(7-10)可得到薄板的 Von-Mises 等效应力:

$$\sigma_p=\frac{Ez}{1-\mu^2}\sqrt{(\mu^2-\mu+1)\left[\left(\frac{\partial^2 w}{\partial x^2}\right)^2+\left(\frac{\partial^2 w}{\partial y^2}\right)^2\right]+(-\mu^2+4\mu-1)\frac{\partial^2 w}{\partial x^2}\frac{\partial^2 w}{\partial y^2}+3(1-\mu^2)\left(\frac{\partial w}{\partial x}\frac{\partial w}{\partial y}\right)^2}$$

$$(7-11)$$

7.4　硅杯底部有限元分析

水下触觉力传感器中使用的压力传感器硅杯通过阳极键合,将四只半导体压敏电阻和支撑杯制作在同一种硅材料上,由腐蚀法获得的硅杯固定在硅基座上,避免了应变计与杯底间的黏合剂,提高了传感器的灵敏性能。为了得到尽可能大的灵敏度,压敏电阻被放置在一个高应力区,这个区域应力较高且分布集中。硅杯底部为压力敏感部位,其受力变形会使布置在敏感区的压敏电阻阻值发生变化,实现传感器信号输出。故将压敏电阻布置在硅杯底部应力最大的部位即可获得最大的传感器灵敏度[182]。采用有限元分析软件 Ansys workbench14.0 对硅杯做静压力分析,得到硅杯底部压力敏感部位的应力及应变分布。

硅杯结构侧视图如图 7-5 所示,硅杯总宽度 $L\times L=4.3\text{ mm}\times4.3\text{ mm}$,边沿宽度 $l=1\text{ mm}$,总高度 $T=0.39\text{ mm}$。根据硅杯腐蚀工艺特点,硅杯上应变膜厚度 $t=0.09$

mm,底部为正方形,边长 $a=1$ mm。由硅片受力为均匀压力,且材料均匀,结构对称,对整个硅杯建立数学模型。边界条件为式(7-12)所示,其中 θ 为膜上任上一点转角,w 为任一点挠度。

$$\begin{cases} \theta_{y=0}=0; \quad \theta_{x=0}=0; \\ \theta_{x=\pm a}=0; \quad \theta_{y=\pm a}=0; \\ w_{x=\pm a}=0; \quad w_{y=\pm a}=0; \end{cases} \tag{7-12}$$

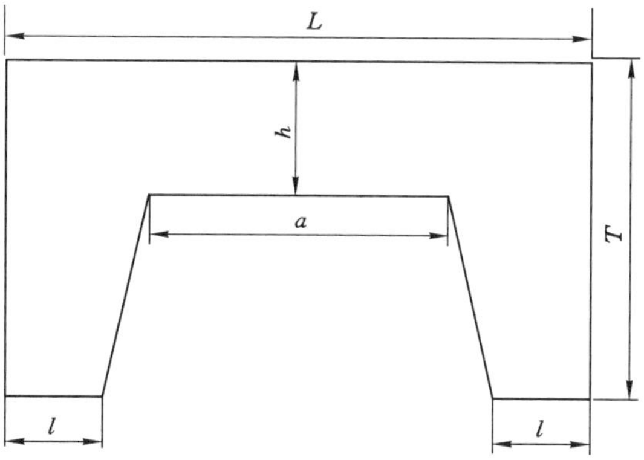

图 7-5　硅杯结构侧视图

对创建好的硅杯几何体模型添加材料属性,弹性模量为 190 GPa,泊松比为 0.28。使用 Solid186 六面体单元网格,模型被划分为 154 530 个节点,33 786 个单元。在 A、B、C、D、E 区域施加固定约束,在杯底部 F 区域施加 1 MPa 均匀载荷,如图 7-6 所示。用有限元方法求解出的硅杯底部变形云图及 Von-Mises 应力云图如图 7-7、图 7-8 所示。

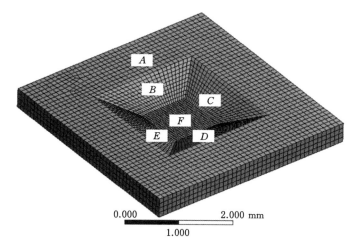

图 7-6　硅杯模型网格划分及载荷、约束加载

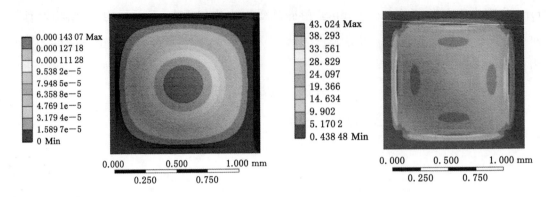

图 7-7　硅杯有限元分析变形云图　　　图 7-8　硅杯有限元分析 Von-Mises 应力云图

　　将材料属性、硅杯底部几何尺寸及压强值代入式(7-9)、式(7-11)，即可得到硅杯底部挠度与 Von-Mises 应力的解析解，用 Matlab 作图如图 7-9、图 7-10 所示。

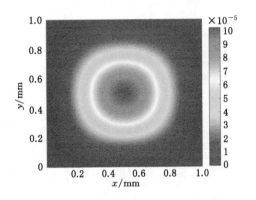
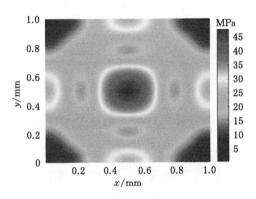

图 7-9　硅杯挠度解析解 Matlab 云图　　　图 7-10　硅杯 Von-Mises 应力解析解 Matlab 云图

　　由图 7-7 与图 7-9 对比可知，硅杯底部有限元变形云图与挠度解析解 Matlab 计算云图基本趋势一致，挠度由四周往中间逐渐增加，到中心位置达到挠度最大。挠度最大误差在 18% 之内。

　　由图 7-8 与图 7-10 对比可知，硅杯底部有限元 Von-Mises 应力云图与应力解析解 Matlab 计算云图基本趋势一致，在四边中点及中心位置应力最大。最大误差在 25% 之内。

　　有限元分析结果与理论计算结果存在误差，其主要原因是建模方式不同。有限元方法以硅杯真实几何模型为基础，通过划分体单元网格求解结果。解析解方式将硅杯底部等效为固支薄板模型，忽略了厚度方向的切应力与剪应力。故认为两种方法结果可互相验证，也就是有限元分析方法与本章提出的利兹法分析薄板原理具有相互验证的特征。

7.5 硅杯测量分析

为了获取杯底纵横应力差最大值，为测量过程中力敏感元件在硅杯底部的分布提供理论依据。由式(7-1)、式(7-9)，计算 $\sigma_x - \sigma_y$ 有：

$$\sigma_x - \sigma_y = \frac{-Ez}{1+\mu}\left(\frac{\partial^2 w}{\partial x^2} - \frac{\partial^2 w}{\partial y^2}\right) = \frac{-3p_0a^2(1-u)}{2\pi^2 z^2}\left(\cos\frac{2\pi x}{a} - \cos\frac{2\pi y}{a}\right) \quad (7\text{-}13)$$

将材料属性、硅杯底部几何尺寸及压强值代入式(7-13)，即可得到硅杯底部的应力差分布云图，如图 7-11 所示。

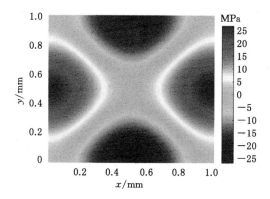

图 7-11 $\sigma_x - \sigma_y$ 分布 Matlab 计算云图

由图 7-11 可知，硅杯底部在受均匀压强条件下，杯底一组对边中点处受横向应力作用大，表现为正应变；另一组对边中点处受纵向应力作用大，表现为负应变。$\sigma_x - \sigma_y$ 的最大与最小值分别为 27.019 与 -27.019 MPa。将力敏感元件分布于硅杯底部应力大的区域，得到高灵敏度的测量信号输出。将压敏电阻或者应变计布置在硅杯底部应力最大的部位就可以获得最大的传感器输出灵敏度。

参考文献[183]对压敏电阻构成惠斯登电桥，根据单晶硅的压阻效应，当力敏芯片应变膜发生应变时，设惠斯登全桥桥臂 $R_i(i=1,2,3,4)$ 阻值均为 R，桥臂电阻阻值变化率为：

$$\begin{cases} \dfrac{\Delta R_1}{R_1} = \dfrac{\Delta R_3}{R_3} = \dfrac{\pi_{44}}{2}(\sigma_t - \sigma_l) \\[3mm] \dfrac{\Delta R_2}{R_2} = \dfrac{\Delta R_4}{R_4} = \dfrac{\pi_{44}}{2}(\sigma_l - \sigma_t) \end{cases} \quad (7\text{-}14)$$

式中，R_1、R_2、R_3、R_4 分别表示惠斯登电桥各桥臂电阻；σ_t、σ_l 分别为纵向和横向的应力；π_{44} 为剪切压阻系数。根据硅杯底部纵向和横向应力分布关系，一组对边主要承受

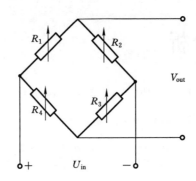

图 7-12　惠斯登电桥电路

纵向应力,另一组对边主要承受横向应力,两组电阻系数符号相反。当电桥采用恒流源 i 做激励源时,电桥的输出电压为 $0.5iR\pi_{44}|\sigma_t-\sigma_l|$。表明压力传感器硅芯片的灵敏度与弹性膜上布置电阻处的两个正交应力代数差值有关。

　　结合以上结论,在硅杯底部四边中点附近布置力敏电阻时,可以获得最高的灵敏度。利用硅[184] 的各向异性腐蚀出四只半导体应变计,通过计算腐蚀溶液的腐蚀时间利用腐蚀速率计算出半导体应变计的腐蚀尺寸。保证惠斯登电桥有较好的力学和电学特性,保证传感器输出较高的灵敏度以及稳定特性。

　　基于硅杯式传感器通过四个半导体应变计构成惠斯登全桥实现信号测量,其优于用应变片构成惠斯登单桥触觉力测量,因为全桥电路优于单桥电路的输出灵敏度。为了比较惠斯登单桥与全桥测量电路输出灵敏度的问题,现给出以下推导。如图 7-13 与图 7-14 分别为惠斯登全桥和单桥电路图。为了便于计算,一般假设桥臂电阻在初始状态下阻值相等,即:$R_1=R_2=R_3=R_4$。

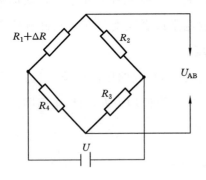

图 7-13　单桥臂惠斯登电路图

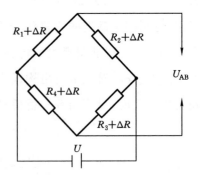

图 7-14　全桥臂惠斯登电路图

　　当有应力变化时,则 A、B 端之间的电势差为:

$$U_{AB} = \left(\frac{R_1}{R_1 + R_2} - \frac{R_3}{R_3 + R_4}\right)U = \frac{R_1 R_4 - R_2 R_3}{(R_1 + R_2)(R_3 + R_4)}U \qquad (7\text{-}15)$$

针对单桥臂惠斯登电路，当 R_1 上出现阻值变化，用 $R_1 + \Delta R$ 替换 R_1，则 A、B 端之间的电势差为：

$$U_{AB} = \frac{(R_1 + \Delta R)R_4 - R_2 R_3}{(R_1 + \Delta R + R_2)(R_3 + R_4)}U = \frac{R_4 \Delta R}{(R_1 + \Delta R + R_2)(R_3 + R_4)}U \qquad (7\text{-}16)$$

由于 ΔR 与 R_1 相比，阻值变化很小，式(7-16)中 $R_1 + \Delta R + R_2$ 中 ΔR 可以忽略不计，则式(7-17)可以写为：

$$U_{AB} = \frac{R_4 \Delta R}{(R_1 + R_2)(R_3 + R_4)}U \qquad (7\text{-}17)$$

$$U_{AB} = \frac{UK_0}{4}\frac{\Delta R}{R} = \frac{UK_0}{4}\sigma_t \qquad (7\text{-}18)$$

若给电桥的四臂接入四片应变片，使两个桥臂受到拉力，另外两个桥臂受到压力，将两个型号相同的应变片接入相对桥臂上，则构成全桥臂惠斯登电路图[185]。由图 7-14 所示，若满足 $R_1 = R_2 = R_3 = R_4$，$\Delta R_1 = \Delta R_2 = \Delta R_3 = \Delta R_4$，则输出的电压为：

$$U_{AB} = \frac{R(\Delta R_1 - \Delta R_2 - \Delta R_3 + \Delta R_4) + \Delta R_1 \Delta R_4 - \Delta R_2 \Delta R_3}{(2R + \Delta R_1 + \Delta R_2)(2R + \Delta R_3 + \Delta R_4)}U \qquad (7\text{-}19)$$

略去式(7-19)中的高阶微量，则有：

$$U_{AB} = \frac{U}{4}\left(\frac{\Delta R_1}{R} - \frac{\Delta R_2}{R} - \frac{\Delta R_3}{R} + \frac{\Delta R_4}{R}\right) = \frac{UK_0}{4}(\sigma_1 - \sigma_2 - \sigma_3 + \sigma_4) \qquad (7\text{-}20)$$

K_0 为电阻应变片的灵敏系数，σ_1、σ_2、σ_3、σ_4 表示四个应变片对应的应力。式(7-20)表明：当 $\Delta R \ll R$ 时，电桥的输出电压与应变呈线性关系。若相邻两桥臂的应变极性一致，即同为拉应变或压应变时，输出电压为两者之差；若相邻两桥臂的应变极性不同，则输出电压为两者之和。若相对两桥臂应变的极性一致，输出电压为两者之和；反之则为两者之差。电桥供电电压 U 越高，输出电压 U_{AB} 越大。但是，当 U 大时，电阻应变片通过的电流也大，若超过电阻应变片所允许通过的最大工作电流，传感器就会出现蠕变和零漂。增大电阻应变片的灵敏系数 K_0，可提高电桥的输出电压。惠斯登全桥输出灵敏度相比单臂桥提高了四倍，所以全桥具有很好的应用效果。

7.6 传感器试验及测试

7.6.1 传感器装配制作

将传感器芯体做防水处理，固定于传感器外壳内部。传感器芯体电路板垫上聚四氟乙烯绝缘垫以防止电路损坏,并用卡环将传感器芯体固定与压实。将导线通过引出孔引至外壳,再利用环氧树脂 AB 胶浇注密封外壳内部的空隙。将芯体上部外壳与传感器外壳内的空隙通过环氧树脂 AB 胶浇注密封。前端柔性部分经过硫化处理与不锈钢金属外壳黏接,柔性触头通过螺纹固定在传感器外壳上,柔性触头内部和传感器外壳内充满硅油,但其容易造成硅油难以充满或者连接后出现硅油排不出去产生压强信号,形成零点漂移。所设计的水下触觉力传感器的剖视图如图 7-15 所示。

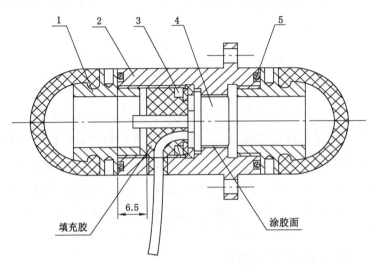

1—柔性触头;2—外壳;3—聚四氟乙烯垫;4—传感器芯体;5—密封圈。

图 7-15　传感器剖面图

在水下触觉力传感器设计过程中,先通过 UG 软件画出其机械图,再根据机械图加工零件,完成机械组装。所设计的传感器内部剖视图如图 7-16 所示。

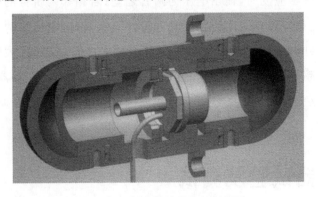

图 7-16　触觉力传感器内部剖视图

柔性触头与传感器外壳装配过程在硅油中完成,保证了硅油的充满,柔性触头螺纹与传感器外壳螺纹有很大公差,柔性触头在旋转上紧时会将硅油排出至外壳壳体,通过密封圈保证再拧紧后的密封,上下两侧的柔性触头同时安装保证两侧的压强相等。所选用的传感器芯体可以在市场上直接购买,保证了触觉力传感器的精度要求与线性输出。制作的传感器在试验过程中,其相当于一个惠斯登电桥,这里直接对电桥供电,测量电桥输出。柔性触头金属件与传感器外壳的材料为不锈钢材质,柔性触头柔性接触部分由丁腈橡胶与硅胶的混合物制成。柔性触头柔性接触部分与金属件通过硫化工艺实现二者黏接,具有密封性好、耐腐蚀性的特点。设计的水下触觉力传感器样机及所用到的触觉力传感器部分零件如图 7-17 所示。

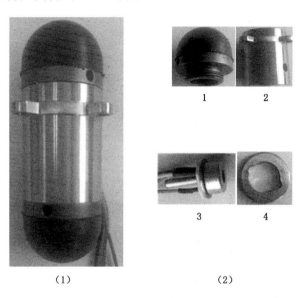

1—柔性触头;2—外壳;3—触觉力传感器;4—滑环。

图 7-17　触觉力传感器实物图

所选择的用于水下触觉力测量的差压式传感器芯体参数表如表 7-1 所示。由表 7-1 可知传感器具有很好的线性度以及重复性、迟滞都比较小,零点输出稳定的特点。

表 7-1　传感器芯体参数表

项目	非线性	重复性	迟滞	零点输出	满量程输出
典型值	±0.15	±0.05	±0.05	±2	45
最大	±0.25	±0.075	±0.075		
最小					
单位	%FS,BFSL	%FS	%FS	mV DC	mV DC

7.6.2 传感器零点测试

为了保证传感器的可靠性以及稳定性,首先进行了不同水深下的零点测试。将传感器置于 0～6 m 不同的水深下,不加触觉力时测量惠斯登电桥桥路输出。不同深度下零点输出电压如图 7-18 所示。

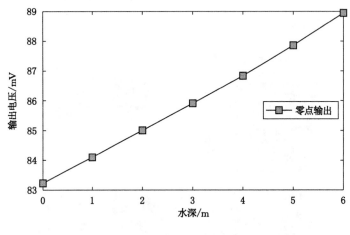

图 7-18　传感器零点输出图

由图 7-18 可知,传感器输出零点由 83 mV 变化至 89 mV 左右。随着深度的增加,在柔性触头外部与内部的压强差值增大,引起了柔性触头的位移及体积压缩。由于水下触觉力传感器上下腔体充油体积不同,柔性触头的变形引起腔体内硅油运动及位移不同,故引起了传感器的零点漂移。由图 7-18 可知,随着深度的增加,零点漂移输出引起 1 mV/m 的近似线性输出变化,可以通过数据融合算法消除零点漂移影响。

7.6.3 恒定水深下触觉力测试

由于触觉力传感器以半球形触头与外部产生力,实现样本抓取,试验过程一般设备无法保证传感器的平稳放置实现标准力信号的施加,或者无法提供一定深度的水下试验环境。理想的水下触觉力传感器标定设备应该属于一种温箱形式,可以提供一定的可调水下压强以及标准触觉力给定,如果条件允许可以送入热水效果,保证了水下触觉力传感器在实验室环境就可以实现对触觉力传感器的标定。标定过程中,可以通过压强的给定来实现不同水深的模拟,但是现在市场上没有现成的设备,预计以后即使有标定设备也会价格昂贵。由于条件限制,对所设计的触觉力传感器进行水下触觉力测量性能的初步验证,在试验过程中通过如图 7-19 所示结构实现测量。

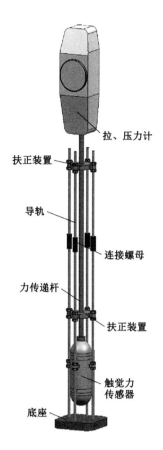

拉、压力计

扶正装置

导轨

连接螺母

力传递杆

扶正装置

触觉力
传感器

底座

图 7-19　水下触觉力传感器标定装置原理图

由图 7-19 可知,传感器上四个螺孔安装有四根支杆实现传感器的固定,在传感器的上端以及支杆的上部末端装有扶正装置实现施力杆的扶正,保证施力杆与触觉力传感器的垂直接触。拉力与压力测力计的触点通过施力杆实现对触觉力传感器标准力加载,施力杆穿过上下扶正装置保证了施力杆与四根支撑杆的平行。其中四根支撑杆与触觉力施力杆轴上有螺纹,可以通过螺帽延伸,可以实现不同的水深测量。底座实现了对整个装置的支撑与固定作用。

在测试过程中,只需要四根杆将触觉力传感器引入到水下一定深度,在中间杆部分可以通过力传递杆将力信号传送给水下,避免了操作人员需要在水下才能够加载标准力信号。可以通过螺母将杆延长,用压力计测量触觉力传感器的施加力,进而实现标准的触觉力信号给定。

如图 7-20 所示是在水池里做水下触觉力传感器测试试验示意图。为了实现触觉力传感器在任意深度下的触觉力测量,将传感器置于 0～6 m 水深环境,每增加 1 m 测量传感器标准力加载条件下的信号输出。

图 7-20 变深度下水下触觉力传感器试验图片

其中水深 0 m 表示在水面外,水温为 17 ℃。不同深度下触觉力输出图如图 7-21 所示。

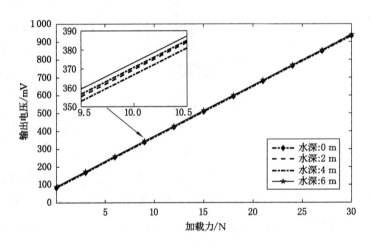

图 7-21 不同深度下触觉力输出信号

由图 7-21 可知,将传感器置于 0 m、2 m、4 m、6 m 的水深条件下,触觉力传感器在受力端加上标准触觉力信号,触觉力传感器依然保证近似线性的关系,触觉力传感器非线性误差为 0.21%。由于制造工艺以及传感器内部上下两个腔体的体积不同,水深增加下造成了传感器的零点漂移。零点漂移引起了触觉力传感器的差压信号受到干扰影响,出现了线性偏移,但是依然满足一定的精度要求。所以传感器避免了水深产生的压强影响,直接测量了触觉力的信号,柔性触头保证了力信号的施加以及传感器上下侧的水压平衡。

7.6.4 温度影响测试

扩散硅压力传感器芯体由于硅的结构容易受温度影响产生漂移,为了实现传感器的可靠性以及稳定性,保证在水下 5~35 ℃ 温度范围内应用,对传感器做了温度测试试验。将传感器置于 1 m 水深的环境下,将水温 5 ℃、15 ℃、25 ℃、35 ℃ 的环境下,测量不同触觉力施加下的触觉力传感器输出值,不同温度下传感器输出如图 7-22 所示。

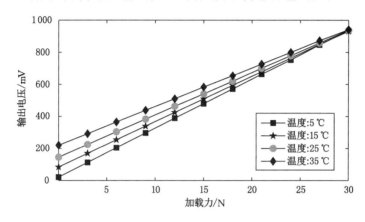

图 7-22 不同温度下触觉力传感器输出图

由图 7-22 可知,传感器受温度影响产生了温度漂移,在施加相同触觉力时温度的影响使输出值有所不同。其中温度漂移最大值发生在零点处,但是在每一个固定的温度点上传感器依然保持很好的线性度,可以通过温度补偿消除温度影响。

由于试验条件的限制,目前传感器只在 6 m 水深环境下试验。由于传感器芯体的量程为 700 kPa,可以保证测量水深 100 m 的测量需求。针对传感器出现的零点漂移以及温度漂移问题,可以通过多项式数据拟合或者 BP 神经网络实现数据补偿方法解决,这些都是下一步要做的工作。

7.7 讨 论

由于水池深度的限制,现在水下触觉力传感器实现了 6 m 水深环境的测试,并且所使用的水下触觉力传感器的芯体的量程为 700 kPa,可以至少保证在 70 m 水深范围内使用。所设计的水下触觉力传感器的柔性触头直径为 25 mm,长度为 31.5 mm,实现了差压形式的触觉力测量,并且芯体可以从市场直接购买,避免了黏接应变片带来的精度损失。

所设计的触觉力传感器通过计算得到其非线性误差、重复性、迟滞分别为 0.21%

FS、0.02％FS、0.02％FS，触觉力传感器的灵敏度为 26.5 mV/N。然而，所设计的触觉力传感器由于其体积大的问题，在灵巧手上应用还无法形成高密度阵列形式的分布。因为所设计的触觉力传感器，其自身包含外壳，并且传感器的芯体依然含有外壳，这种选型限制了体积的缩小。通过试验验证了柔性触头形式与外部力接触下的触觉力测量，为了缩小传感器的体积，可以将灵巧手的孔洞内壁直接作为传感器的外壳，并且将传感器芯体的外壳省去，直接在传感器的硅杯上形成差压式触觉力传感器结构，这样就保证了大量、低密度触觉力传感器的分布。

由于触觉力传感器现在依然存在零点漂移，如果精度要求不高，可以在使用过程中直接测试零点偏移值，然后将施加力后的输出值减去零点偏移值作为真实触觉力输出值。针对零点漂移问题以及温度漂移问题，可以建立三维输入、一维输出的神经网络进行离线训练实现对触觉力传感器的标定，实现高精度触觉力信号输出[186]。

7.8　BP 网络数据拟合

7.8.1　整体结构图

触觉力信号的输出受到所加载触觉力、水深、水温的影响，为了通过数据融合实现真实触觉力值输出，需要用 STM32F103 微控制器采集触觉力信号、温度信号以及水深信号，经过 BP 网络算法计算实现标准力值计算，通过串口通信以及 D/A 转换实现标准信号输出。采集不同水深以及不同水温下加载一定规律序列的标准触觉力，实现触觉力传感器的输出值测量，分析由水温及水深带来交叉灵敏的规律。

针对水下触觉力传感器实现数据融合示意图如图 7-23 所示。触觉力传感器的触觉力信号、温度信号以及深度传感器输出的深度信号通过信号调理后供 STM32 微控制器采集，STM32 微控制器通过 A/D 转换后实现数据获取，再通过内部 BP 网络形式的数据结构的计算，获取标准力值。信号调理电路实现信号的放大与滤波功能，微控制器内部 BP 网络为在上位机训练好的权值及阈值已知的神经网络，实质为实现触觉力、温度、水深到标准触觉力映射关系的标定函数。BP 网络预实现正确的映射关系，必须通过采集数据和标准触觉力数据的训练，训练过程在上位机 Matlab 神经网络工具箱实现。通过串口通信实现上位机对 STM32 的触觉力、温度、水深三维信号的采集，记录所加载标准力值。构成 BP 网络训练的数据序列，在 Matlab 上 BP 网络训练获取 BP 网络的权值与阈值，通过串口通信发送到 STM32 单片机实现在线标定。STM32 单片机根据通信协议利用串口同步通信实现 BP 网络权值与阈值的接收,保证 BP 网络在线标定实现。

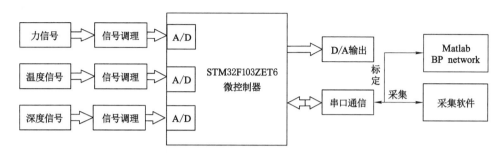

图 7-23 触觉力传感器数据融合示意图

首先建立硬件电路,需要对传感器作用环境的温度、水深信息采集以及触觉力信号进行采集,建立三路信号的调理电路。信号调理电路主要包括信号的放大与滤波功能,然后将信号输入至微控制器实现 BP 网络的数据融合。BP 网络为离线训练好的权值及阈值已知的神经网络。微控制器经过对三路信号的处理实现数据拟合功能,将真实的触觉力信号通过 D/A 转换以及串口通信实现标准的触觉力值输出。硬件电路还包括各部分模块的供电电路。通过串口通信将力、温度、深度信号按照一定格式发送,并且可以通过一定的通讯格式实现对自身 BP 网络权值与阈值替换。

7.8.2 BP 网络数据拟合

由图 7-20～图 7-22 可知,水下触觉力传感器输出不但由所加载触觉力决定,而且受到水深、水温的影响,形成交叉灵敏度的问题。零点由 0 m 水深的 83 mV 漂移至 6 m 水深时的 89 mV,满量程时由 0 m 水深的 943 mV 漂移至 6 m 水深时的 949 mV。不同温度时刻,同水深条件下的触觉力输出有规律漂移现象,所以要进行温度、深度数据补偿。

为了更好地进行 BP 网络参数调整,使 BP 网络尽快收敛,需要对原测量数据进行归一化处理,输入数据及输出数据的归一化处理如式(7-21)、式(7-22)所示。

$$\bar{x}_m = \frac{X_m - X_{\min}}{X_{\max} - X_{\min}} \tag{7-21}$$

$$\bar{P}_m = \frac{0.9(P_m - P_{\min})}{P_{\max} - P_{\min}} + 0.05 \tag{7-22}$$

式中,X_m、$\bar{x}_m$ 为第 m 个样本 X 的实际值及归一化后的值;X 代表温度、深度、触觉力输出三个输入参数的任一量;$X_{\max}$、$X_{\min}$ 为采集数据序列中最大值与最小值;式(7-22)

中，P_m、$\overline{P}_m$ 为第 m 个样本真实触觉力值及归一化后的值，为 BP 网络拟合对应目标值；P_{max}、P_{min} 为对应触觉力序列中最大值与最小值。针对训练后满足逼近误差要求的 BP 网络，其输出 $\overline{P}_m$ 要反变换至真实触觉力值，将 BP 神经网络输出范围 $0.05 \sim 0.9$ 映射到期望的区间值，此时需要反归一化处理，如式（7-23）所示。

$$P'_m = (\overline{P}_m - 0.05) \cdot (P_{max} - P_{min})/0.9 + 0.05 \qquad (7\text{-}23)$$

式中，$\overline{P}_m$ 为训练后 BP 网络数据融合值；P'_m 为最终数据融合期望区间触觉力值；P_{max}、P_{min} 为归一化数据处理时对应触觉力序列中最大值与最小值。

采用 BP 网络数据融合算法实现对温度、深度带来的交叉灵敏度进行补偿，通过建立触觉力测量值、温度测量值、水深度测量值信号三维变量作为 BP 网络输入，标准触觉力输出的一维变量输出，建立多隐含层神经网络结构，通过 BP 网络的自组织、自推理能力离线训练实现由输入到输出信号的非线性映射，获取基于 BP 网络权值与阈值的数据拟合函数。所建 BP 神经网络示意图如图 7-24 所示，输入层为三维向量，设计两个隐含层，输出层有一个神经元。BP 网络的训练拟采用变步长和带动量因子的 LM 算法，可以加快网络训练速度，又可以防止网络局部限于极小值点。

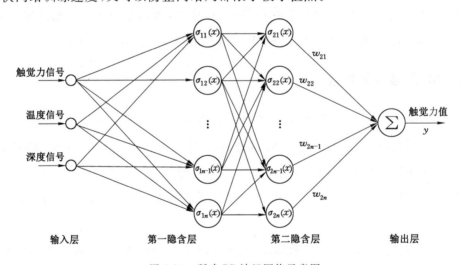

图 7-24　所建 BP 神经网络示意图

打开 Matlab 神经网络工具箱，创建一个四层的网络。第一层为输入层，为 3 个神经元，表示温度、深度、标准力加载下传感器输出采样值，输入为三个变量的归一化数值。第一隐含层为 10 个神经元，第二隐含层为 8 个神经元，输出层为一个神经元，映射为加载标准力的归一化值。输入层、隐含层、输出层各层的激励函数均为 tansig 函数。选择 0 m、2 m、4 m、6 m 水深训练数据，选择温度为 5 ℃、10 ℃、15 ℃、20 ℃、25 ℃、

30 ℃、35 ℃作为温度输入值,选择 0 N、3 N、6 N、9 N、12 N、15 N、18 N、21 N、24 N、27 N、30N 的力加载下的传感器输出值作为力信号,因此 BP 网络目标值为 0 N、3 N、6 N、9 N、12 N、15 N、18 N、21 N、24 N、27 N、30 N 构成的向量,所以 BP 网络输入为 InputData $\in \mathbf{R}^{3 \times 181}$,目标值为 TargetData $\in \mathbf{R}^{1 \times 181}$,选择 3 m 水深下的温度为 15,20 ℃条件下,0 N、3 N、6 N、9 N、12 N、15 N、18 N、21 N、24 N、27 N、30 N 的力加载下的传感器输出值作为检测变量,检测变量 TestData $\in \mathbf{R}^{1 \times 181}$。

针对创建好的 BP 网络,设置训练参数。其中逼近误差选择 1×10^{-12},目标选择 0,训练次数选择 100 000,动量因子选择默认值 0.1,将归一化之后的训练样本输入到工具箱后开始训练网络,如果训练次数达到最大仍然没有使逼近最小误差,仍然继续训练;当达到训练误差不再减少时停止训练,此时的逼近误差为 3.225×10^{-9},训练次数达到 28 996 次。将检测样本输入到训练好的神经网络,此时最大逼近误差为 3.761×10^{-9},满足 BP 网络数据拟合要求。为了验证训练后 BP 神经网络对温度、深度补偿的有效性,检验数据融合能力,利用检测样本检测神经网络,把神经网络输出值反归一化处理后得到融合值。

在一定水深下,不同的水温下加载 0 N、5 N、10 N、15 N、20 N、25 N、30 N 的力,测量 BP 网络数据融合值,如图 7-25 所示。

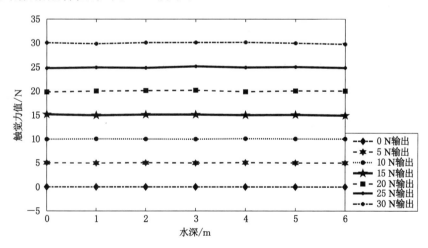

图 7-25　恒定水温不同深度下传感器输出值

在一定水温下,不同的水深下加载 0 N、5 N、10 N、15 N、20 N、25 N、30 N 的力,测量 BP 网络数据融合值,如图 7-26 所示。

由图 7-25、图 7-26 可知,同一温度且不同的水深下,加载相同的力条件下触觉力传感器输出经 BP 网络数据融合后值保持恒定,同一水深下且不同温度条件下,加载相同的力条件下触觉力传感器输出经 BP 网络数据融合后值保持恒定。加载同一个触觉力

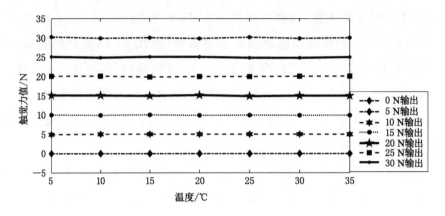

图 7-26　恒定水深不同水温下传感器输出值

值,在不同的水深下,不同的温度条件下,其输出值基本保持恒定。BP 网络数据融合消除了水深、水温对触觉力传感器输出的影响,具有很好的数据拟合效果。触觉力传感器经 BP 网络数据拟合后的输出精度为 5%。

7.9　本 章 小 结

本章主要针对水下机械手缺少力觉感知的问题研究了触觉力测量传感器。参考人体皮肤感知外界信息原理,设计了触觉力测量传感器组成的阵列式力测量手指,保证了灵巧手抓取样本的力觉感知。针对水下触觉力测量遇到的水下静态压力、密封性等问题,设计了以硅杯为敏感单元的胶囊式触觉力测量传感器。该胶囊式传感器一侧可感知水压与触觉力信息,另一侧可测量水压信息,实现了水静态压力矢量叠加下的触觉力测量。利用弹性力学与板壳理论分析推导了硅杯方形底部的应力分布,为硅杯测力敏感单元在硅杯底部的分布提供理论依据,并通过 Ansys 分析进行了验证。通过利兹法与最小势能原理实现硅杯的应力、应变解析解计算,为压力敏感元件分布在方形硅杯高应力区实现高灵敏度传感器信号输出提供了理论支持。

结果表明:所设计的触觉力传感器结构满足消除水静态压力影响,四只半导体应变电阻分布在硅杯底部高应力区,实现压力与阻值变化的线性输出。差压式硅杯为测量核心的传感器保证了灵巧手在大范围搜索以及局部的精细化搜索的要求。灵巧手传感器阵列的分布使水下灵巧手具有方向感,满足了灵巧手判断抓取目标是否抓住、抓牢以及抓取位置的目的。通过试验验证了触觉力传感器的零点测试、任意深度下的触觉力加载试验、温度漂移试验,通过试验说明水下触觉力传感器具有很好的线性输出特征以及线性度,但是随着水深变化具有一定的零点漂移以及受到温度漂移影响,根据其有规律性的交叉耦合形成交叉灵敏度的问题,可以通过数据拟合方法补偿温度以及压强引起的输出漂移问题。最后 BP 神经网络算法进行了传感器标定。将所设计的触觉力传感器以阵列形式分布在灵巧手的手指表面,可以实现灵巧手抓取过程中抓取目标的位置确定以及触觉力值测量,保证了灵巧手抓住、抓牢。

8 力反馈装置设计及验证试验

8.1 引 言

　　水下样本采集是水下机械手作业的重要内容。由于水下作业环境恶劣、作业对象未知、临场性差的原因,造成了会有过操作或欠操作以及抓取样本损坏或抓取不牢的问题,具有力觉感知的主从遥操作系统是一个研究方向[187]。主从遥操作系统通过操作主手使从手跟踪主手的位置信息,而在主手上可以感受到从手抓取样本的力觉信息,使操作者有种身临其境的感觉[188]。在应用过程中,从手实现对主手的位置跟踪以及力觉反馈,功能简单。而主手要实现力觉再现以及给从手的位置指令,力反馈装置作为主手是遥操作系统的核心。不同的实现机理,不同的力觉再现控制方法,造成不同的机械结构以及力觉控制精度。

　　遥操作系统控制试验包括本地力觉再现的力控制以及从手的位置跟踪控制系统。本章针对以上问题,面向水下遥操作样本抓取设计了单自由度力反馈装置,实现本地力控制。该装置通过步进电机驱动同轴连接的拨杆,拨杆末端装压电薄膜传感器,并且有角度传感器与步进电机输出轴同轴连接测量角度。操作者通过食指拨动拨杆,使压电薄膜传感器产生力信号,根据标准力信号与实际力信号做 PID 计算得到控制量,将控制量换算成 PWM 脉冲控制步进电机实现力觉再现。该装置利用了步进电机可以将输入的脉冲信号转化为相应的角位移信号实现精确的位置控制,并将控制量转变为电机转动控制信号量,使步进电机一直工作在类机械手的抓取状态,避免了电机堵转的问题。根据该力反馈装置搭建了单自由度遥操作实现系统,通过主从手 PID 控制进行了力、位移跟踪试验验证。满足了遥操作抓取的力觉感知以及抓住、抓牢的特征,实现了对不同刚度的样本抓取以及允许空间下的任意遥操作,使操作者具有真实的临场感。

本章基于水下机械手遥操作中力反馈装置作为预研探索的目标,解决本地力觉再现的控制方法研究以及主要力反馈驱动结构的实现,设计了面向水下遥操作的本地力觉再现装置,并且根据该装置搭建了单自由度遥操作力反馈平台,并进行了力反馈装置的试验,满足了标准的触觉力信号在手指上的控制实现,分析了力反馈装置的力控制实现方法,并且最后提出了基于电极刺激的阵列电极系力反馈方法。

8.2　力反馈装置介绍

主机械手实现力觉再现,其作为主从系统的一个重要环节将人的经验智能以及高层次的任务规划作用到机器人的控制中,以发挥人类智能的决策作用,实现人感知能力和行为能力的延伸,拓展了机器人在未知环境下的作业能力[189]。力反馈装置作为主从系统的一环,是实现临场感技术的核心,它一方面将本地操作者的位置和运动信息作为控制指令传递给远端机器人,另一方面将远端机器人感知到的环境信息以及机器人和环境的相互作用的信息反馈给本地操作者,使操作者产生身临其境的感受,从而操作者能够真实地感受到机器人和环境的交互状况,做出正确决策,有效地控制机器人完成复杂的任务[190]。水下机械手遥操作系统中主机械手的主要功能是实现力觉信息再现以及提供水下从机械手的位置跟踪信号。即实现远处表示力信号的电信息在本地机械手上的再次感觉,涉及作用力与反作用力的问题,属于力、位移综合控制范畴,即通过调整机械手的位置实现旋转机器人末端触觉力跟踪标准力信号的功能。

力反馈装置已经有一定的研究,从结构上可以将力反馈装置分为穿戴型力反馈装置[191]和桌面型力反馈装置[192]。其中,穿戴型力反馈装置分为外骨骼的力反馈装置与内骨骼的力反馈装置。外骨骼力反馈装置驱动力在手掌的外部,实现对手指的拉力控制以匹配标准力信号,内骨骼力反馈装置其驱动力在手掌的内部,实现对手指的抓力控制以匹配标准力信号。桌面型力反馈装置顾名思义,该装置放置在桌面上通过手的操作实现力觉反馈功能。

国内外学者已经对力反馈装置做了相关研究,基本原理是操作者作用于力反馈装置上,当触觉力信号大于标准力信号,力反馈装置产生触觉力同方向上的形变,以减小触觉力,反之则产生触觉力反方向上的形变,以增大触觉力。朱炜煦等分析了电磁力反馈磁场特性[193],包钢、孙中圣研究了基于气动人工肌肉的力反馈装置[194,195],东南大学的王爱民等研究了磁流变液被动力觉驱动的力反馈装置[196,197]。然而液体、气体的力觉驱动需要考虑气体液体注满以及密封性的问题,否则会影响力控制精度。Phantom 力反馈装置是最流行的力反馈装置,但是价格昂贵,持续力太大容易造成电机过热[198]。CyberGrasp 力反馈数据手套已实现商品化,其较远放置电机及控制电路的控制盒,造成后冲与摩擦力,长时间操作容易疲劳[199]。电机驱动能更直接实现力觉再现,然而直流电机易实现转速控制,无堵转功能及转矩控制;力矩电机易实现堵转下的转矩控制,无法实现精确的位置控制,长时间的堵转会带来稳定性问题;步进电机易于实现精确位置控制,但上电自锁后无法实现堵转功能。

力反馈装置以及力反馈数据手套已经有很多的设备存在,然而依然存在很多的问题。主要表现在:① 力反馈数据手套操作时间过长会引起手指或者手腕疲劳,使操作人员操作过程中的沉浸感减弱,降低操作效率。② 由于使用时需要与人手手指的指节进行固连,在自由弯曲和伸展时,对操作者会产生一种约束感进而破坏自由空间的临场感。③ 基于绳索或者钢丝绳传动的力反馈装置,很容易带来摩擦和滞后问题,使整体系统的控制带来不确定因素。④ 基于气体或者液体驱动的力反馈装置,要考虑其滞后性以及气体或者液体泄漏问题造成的控制精度降低。总之,在目前主机械手的研究过程中,还存在着诸多难点和需要解决的矛盾。

8.3　力反馈装置设计

面向水下机械手抓取要求结构简单且易于控制的特点,不需要复杂的结构以及多手指抓取,不同于具有多自由度的力反馈数据手套,本章设计了单自由度的力反馈装置模拟人类手指,只设计两个手指,拇指与食指。其中拇指固定在拇指固定端处,食指作用在步进电机旋转轴上,所设计的力反馈装置如图 8-1 所示。

力反馈装置模仿人手的拇指与食指抓取,设计了拇指固定端与食指施力端,其中拇指固定在力反馈装置外壳上,食指施力端为拨杆的末端处,上面贴有压电薄膜传感器,拨杆与步进电机的旋转轴同轴连接。由于步进电机自身带减速装置,不需另外加减速齿轮。步进电机在允许输出功率条件下保持恒定角位移输出,同频率下一个占空比对应步进电机的一个角位移。人手指的夹持力一般在 30 N 之内,设计拨杆相对转动中心半径 10 cm,步进电机输出转矩在 3 N·m 之上即满足电机选择。步进电机固定在圆形外壳内,保证输出轴旋转,角度传感器也固定在圆形外壳内,保证与步进电机同轴连接。

拨杆半径太长会影响末端触觉力施加值,太小影响从手抓取空间,参考人手指长度设计拨杆长度为 10 cm。根据手指在拨杆末端施加力的转动特点,拨杆绕轴旋转范围设定为 90°。该力反馈装置底部有安装孔实现与机械臂的配接,实现多关节的遥操作。

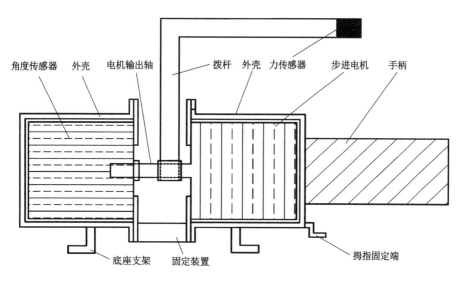

图 8-1　力反馈装置剖面图

　　在操作过程中,操作者握住力反馈装置,其中拇指贴在拇指固定端,食指作用在食指作用端,其他三个手指握住手柄处。用食指拨动拨杆产生转动,压电薄膜传感器测量食指施加的触觉力,与标准的力信号作差经 PID 计算控制步进电机来调整拨杆的旋转角度,实现食指施加力与标准力信号匹配,进而实现操作者食指上的力觉感知。角度传感器测量电机旋转角作为角位移供远处从端作位置跟踪。在操作过程中,操作者对压电薄膜传感器施加作用力,控制器采集该施加力,然后与标准力信号进行比对,如果施加力大于标准的触觉力信号,则控制器将调整步进电机输出轴朝着操作者手指施加力的方向调节,进而是操作者的力得到释放以平衡标准的触觉力信号。反之,如果操作者在压电薄膜传感器上施加的作用力小于标准的力信号,则控制器调整步进电机输出轴朝着操作者施加力反方向运动,以实现步进电机驱动杆压迫操作者手指进而增加触觉力信号以平衡标准的触觉力信号。

　　通过触觉力信号的差值来调节电机的输出位置,通过控制信号限幅来防止控制信号过大而损坏电机。操作者要完全保证接触力反馈装置的触觉力传感器,否则如果接触不好,触觉力传感器采集不到触觉力,或者操作者施加力过大就会使电机处于堵转状态易造成电机损坏。

8.4　数学模型及力跟踪控制

　　基于力觉临场感技术的研究和实用的需要,对面向水下机械手遥操作实现本地力觉再现进行前期验证,本书根据力觉临场感控制的工作原理,搭建了单自由度步进电机驱动的力反馈试验装置。力反馈装置可以看作一个单关节的旋转机器人,结合机器人动力学模型,力反馈装置的数学模型可以用式(8-1)描述。

$$M_m(q_m)\ddot{q}_m + C_m(q_m,\dot{q}_m)\dot{q}_m + g_m(q_m) = \tau_m - J_m^T(q_m)f_m \qquad (8\text{-}1)$$

式中,M_m、C_m、g_m、J_m 分别为力反馈装置的惯性量、离心力与哥氏力的和、重力项以及雅克比矩阵,τ_m 为控制输入转矩,即给主机械手关节转动的驱动力。f_m 是操作者施加的力,q_m、$\dot{q}_m$、$\ddot{q}_m$ 分别为主端操作臂的位置、速度和加速度。

力反馈装置控制信号跟踪采用基于力误差的 PID 控制。力反馈装置有阻抗控制与 PID 控制,由于阻抗控制需要辨识系统参数,实现相对困难;由于 PID 控制是有差调节,只需知道输出信号就可实现,这里选用 PID 控制,通过力误差实现步进电机旋转轴角位移调节。设:

$$e_f = f_d - f_m \qquad (8\text{-}2)$$

$$\tau_m = k_{mp}e_f + k_{mi}\int e_f dt + k_{md}\dot{e}_f \qquad (8\text{-}3)$$

则整个系统的控制律为式(8-3)所示,k_{mp}、k_{mi}、k_{md} 为计算 PID 控制律系数;f_d 为标准力信号;e_f 为力误差信号,将其作为位置信号的调节量来控制步进电机旋转角度;将 τ_m 换算成 PWM 脉冲与原控制信号 PWM 脉冲信号求和作为新的步进电机控制信号。由于机械手抓取的角度在一定范围内,要求步进电机旋转也在一定范围内,即须对控制量加限幅处理。力反馈装置实现标准力信号再现控制流程图如图 8-2 所示。

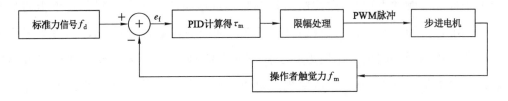

图 8-2　力反馈装置力控制流程图

8.5　力觉再现试验

根据力反馈装置的控制实现原理,为了实现力觉再现,验证搭建了单自由度力反馈装置试验平台,力觉再现装置器件连接关系图如图 8-3 所示。通过步进电机带动拨杆旋转,拨杆与角度传感器同轴相连测量角度,拨杆末端装有压电薄膜传感器实现触觉力测量,通过微控制器实现对角度信号、触觉力信号测量,利用锂电池输出 7.4 V 实现对步进电机供电。

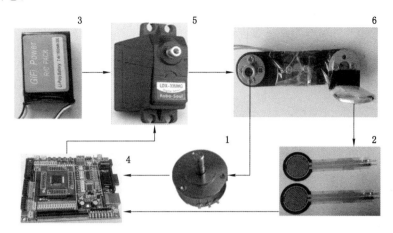

1—角度传感器;2—压电薄膜传感器;3—锂电池;4—微控制器;5—步进电机;6—拨杆。

图 8-3　力觉再现装置试验实物连接图

图 8-5 中步进电机选择 270°大扭矩数字电机,当发生堵转时,步进电机内部会直接产生过流保护,延长了步进电机的使用寿命,可以应用于遥操作临界堵转状态。步进电机通过微控制器发生的 PWM 脉冲实现角度控制。角度传感器利用精密导电塑料电位器实现,相当于一个滑动变阻器实现 360°角度测量,满足高精度角位移输出。控制器选用 MSP430F149 最小系统板,控制器带定时器、PWM 脉冲、A/D 转换、串口通信、3.3 V供电,满足整体信号测量与控制功能。触觉力传感器选用压电薄膜传感器,与触觉力呈现负相关关系,利用串联分压实现力信号采集。

微控制器通过 A/D 转换读取触觉力信号,与标准的力信号作 PID 控制计算得到输出调节量,通过 PWM 脉冲控制步进电机,使步进电机得到角度调整进而实现力信号调整。微控制器实现力控制的基本流程图如图 8-4 所示。首先单片机完成各个 I/O 口初始化,然后实现 PWM 脉冲、定时器、A/D 转换初始化设定 PWM 脉冲工作方式、定时器工作方式以及 A/D 转换的模式,然后打开定时器进入循环。定时时间到,采集触觉力信号与位置信号,然后根据标准的触觉力信号经过 PID 计算得到控制器调节量,再通过 PWM 换算后加载到步进电机控制器上实现一次循环控制,然后等待下一次定时时间中断。根据图8-3 试验装置记录操作过程中力、位移数据,力跟踪曲线及位置曲线如图 8-5 所示。

由于所选力传感器换算成力信号存在误差,这里只用电压值表示力信号。对于标准力信号 1 000 mV 的跟踪,当操作者触觉力大于标准的力信号时,控制器控制步进电机使其朝操作者力方向转动,从而使操作者施加的力信号泄掉,如果操作者的施加力一直大于标准的力信号,则步进电机转动到最小位置,控制器实现了限幅作用,如图 23 s

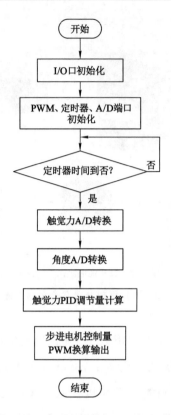

图 8-4　微控制器程序执行流程图

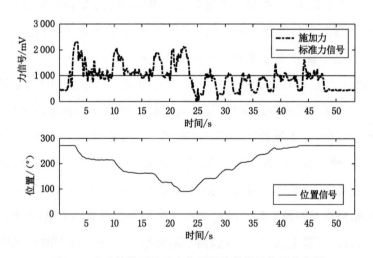

图 8-5　力反馈装置试验力信号跟踪曲线及位置曲线图

时刻。当操作者触觉力小于标准的力信号时,控制器控制步进电机使其朝操作者力反方向转动,从而使操作者施加的力信号增大。如果操作者的施加力一直小于标准的力信号,则步进电机转动到最大位置停转,控制器实现了限幅作用,如图 50 s 时刻。

力反馈装置的控制采用的是 PID 控制方式,通过 PID 计算得到当前控制律的调节量,然后调整控制量实现对单机械手关节的位置控制达到调节接触力的目的。此时的标准的力信号作为力跟踪目标是直接写入到单片机的,并且是以电压形式表示的力信号。此处没有用以牛顿为单位的力信号来试验,因为只需要知道反映力变化的电压信号以及标准的电压信号即可,如果是标准的力信号反而会因为后期的标定带来误差。当遥操作力反馈装置中实现远端力信号本地力觉时,直接将标准力信号替换为远端力信号即可。

力位移控制过程中,当手指触觉力小于标准力信号时候,控制器将调节机械手转动挤压手指以增加操作力,如果手指不与机械手接触,则没有限幅控制器下机械手会转动以实现力的平衡。反之若手指触觉力大于标准力信号,则控制器调节机械手转动朝着远离的方向以减少触觉力。若手指一直压着机械手,则控制器调节机械手实现转动。在控制过程中加入了限幅作用,实现机械手转动的角度限制。

8.6　单关节遥操作试验验证

力反馈装置一般用于主从遥操作、虚拟现实等领域,力反馈装置的性能决定了操作者感知远端的临场感。为了验证力反馈装置性能,并且对应用于水下遥操作的力位移跟踪整体系统进行初步探索,搭建了将力反馈装置作为主手的遥操作系统,其中从手结构和主手相同,也是单自由度,基于微控制器控制步进电机实现。不同的地方是力反馈装置通过力误差实现 PID 计算做位置控制,而从机械手是直接通过位置误差做 PID 计算做位置控制。另外,力反馈装置作为主手与从手的区别在于触觉力传感器安装位置不同,主手上压电薄膜传感器安装在机械手末端的上表面,用来测量操作者的触觉力,而从手上压电薄膜安装在机械手末端的下表面,测量与环境的交互力。

遥操作系统中主手数学模型与控制方式如式(8-1)、式(8-2)、式(8-3)所示。从手结构可以看作一个单关节的旋转机器人,结合机器人动力学模型,力反馈装置的数学模型如式(8-4)所示。

$$M_s(q_s)\ddot{q}_s + C_s(q_s, \dot{q}_s)\dot{q}_s + g_s(q_s) = \tau_s - J_s^{\mathrm{T}}(q_s)f_s \qquad (8\text{-}4)$$

其中,M_s、C_s、g_s、J_s 分别为主操作臂的惯性量、离心力与哥氏力的和、重力项以及雅克比矩阵;τ_s 为控制输入转矩,即给主机械手关节转动的驱动力;f_s 是从机器人和环境的相互作用力,q_s、$\dot{q}_s$、$\ddot{q}_s$ 分别为主端操作臂的位置、速度和加速度。从机械手位置跟踪采用 PID 控制,设:

$$e_q = q_m - q_s \tag{8-5}$$

$$\tau_s = k_{sp}e_q + k_{si}\int e_q \mathrm{d}t + k_{sd}\dot{e}_q \tag{8-6}$$

整个系统的控制律如式(8-6)所示，k_{sp}、k_{si}、k_{sd} 为 PID 系数；e_q 为位置误差信号；q_m 是位置跟踪信号，即主手位置信号。将 q_m 作为位置信号经过 PID 计算得到调节量，将调节量换算成 PWM 脉冲与原控制信号 PWM 脉冲信号求和得 τ_s，τ_s 作为新的步进电机控制信号。由于机械手抓取的角度在一定范围内，这里对步进电机的控制量加上限幅处理。

遥操作系统试验控制流程图如图 8-6 所示。操作者在主机械手拨杆末端施加作用力，主手控制器通过从手力与施加力做 PID 计算，控制步进电机角位移，通过数据通信发送给从机械手作为位置跟踪目标。从机械手控制器采集从手位置与主手位置做 PID 计算控制量，经过限幅处理后控制步进电机实现位置跟踪。将从手触觉力发送给主机械手实现力跟踪。

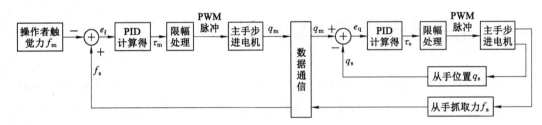

图 8-6　遥操作系统试验控制流程图

根据图 8-6 所示控制流程图，主、从机械手分别通过各自的控制板实现。从机械手选择器件及结构与主机械手完全一致。主手板控制器通过定时器中断读取串口通信从手的力、位置信息，通过 A/D 转换采集主手触觉力信息，将从手力与主手力经 PID 计算得 PWM 值对步进电机进行控制，通过 A/D 转换读取角位移信号通过串口 0 发送给从手端。同时，主手控制器将主、从手力、位置信息通过串口 1 发给上位机供数据采集记录。从手控制器通过定时中断读取串口主手位置信息，通过 A/D 转换读取从手角位移信息，将主手、从手位经 PID 计算得 PWM 值对步进电机进行控制。通过 A/D 转换采集从手触觉力信息，通过串口发送从手位置、力信息给主手控制器。整体系统实物图如图 8-7 所示。其中元器件选择与力觉再现试验元器件选择一致。

主、从机械手控制器在程序运行过程中其基本结构相同。首先就是包含串口通信的各个模块初始化，然后开定时器定时实现数据采集及 PID 计算控制。其中主机械手控制器力跟踪目标通过串口中断接收从机械手发送过来的标准触觉力信号，而从机械手位置跟踪目标是通过串口中断接收主机械手发送过来的主机械手角度值。

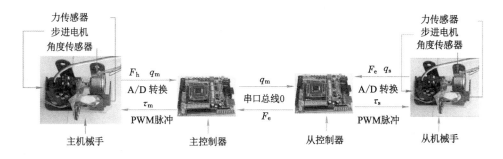

图 8-7　双 PID 遥操作系统试验平台实物连接图

主、从机械手控制板经过 PID 计算得到控制器调节量,通过 PWM 换算后加载到步进电机控制器上实现一次循环控制,然后等待下一次定时时间中断。主、从机械手控制器控制流程图如图 8-8 所示。

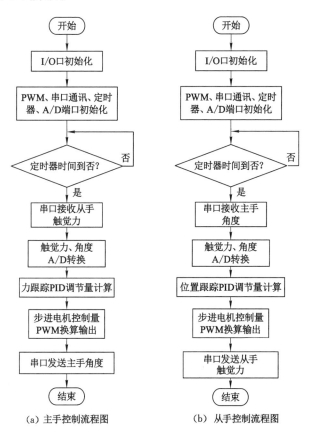

图 8-8　主、从机械手控制器流程图

8.6.1　虚拟力反馈遥操作试验

为了实现抓取样本的软硬感觉,设计了从手虚拟力反馈试验。由于从手触觉力利用压电薄膜传感器测量容易造成接触不充分,造成测量不精确的现象,所以开始从手不用触觉力传感器测量触觉力,而是将从手力 f_s 表示为角位移的函数,如式(8-7)所示,k_s 为虚拟弹簧系数,其中 $200°$ 称为参考位置,从机械手转动时呈负相关关系,故触觉力表示如式(8-7)所示。

$$f_s = \begin{cases} k_s(200 - q_s) & q_s < 200° \\ 0 & q_s \geqslant 200° \end{cases} \tag{8-7}$$

从手反馈控制力发送给主机械手控制器,主手端感觉从手好像抓取了一个弹簧一样,抓取的角位移越大,则从手端的反馈力越大,设置不同的弹性系数,则实现不同刚度材料的抓取,在主手操作过程中就可以感受到从手端抓取样本的刚度系数不同,从而可以感知触碰物体的软硬程度。

设定主手 PID 参数为:$k_{mp} = 0.1$、$k_{mi} = 0.01$、$k_{md} = 0.01$;从手 PID 参数为:$k_{sp} = 0.1$、$k_{si} = 0.01$、$k_{sd} = 0.01$。试验过程是拨动主机械手的拨杆,将手指力作用于触觉力传感器上,实现主手最大位置的拨动,试验多次,通过上位机接收数据并记录主、从手力、位移信息。设定从手虚拟弹性系数 $k_s = 2.2$、3.1、7.2 时遥操作试验力、位置跟踪曲线分别如图 8-9、图 8-10、图 8-11 所示。

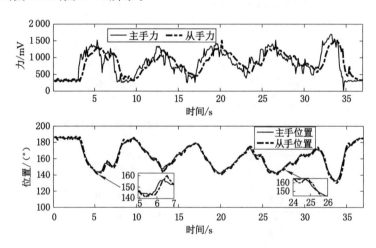

图 8-9　虚拟力反馈试验跟踪曲线图($k_s = 2.2$)

由图 8-9～图 8-11 跟踪曲线可知,从手在受到触觉力的条件下,依然保证对主手的位置跟踪,响应速度快,超调量小,跟踪误差在 5% 以内,在主手上实现了对从手触觉力

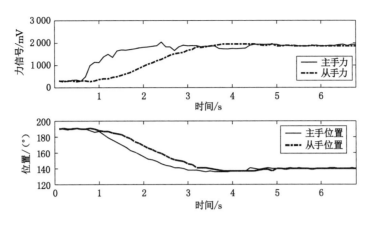

图 8-10　虚拟力反馈试验跟踪曲线图($k_s = 3.1$)

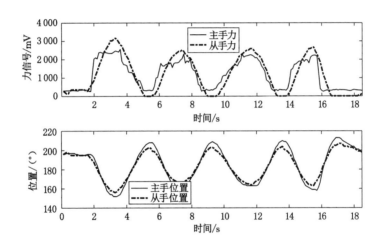

图 8-11　遥操作虚拟力反馈试验跟踪曲线图($k_s = 7.2$)

的一致性。由于主手操作会出现一定的抖动,造成测量中有一定的干扰。主手力测量参考电压选择 2.5 V,造成在 2 500 mV 处出现了限位。主手上力释放后,从手、主手最终静止在初始位置。

　　由图 8-9～图 8-11 跟踪曲线可知,$k_s = 2.2$ 时主手上转动由 197°转动到 130°,施加的力在 2 500 mV 时转动角度很大,能感受到抓取的物体相对较软。而当 $k_s = 3.1$ 时主手上转动由 197°转动到 137°,施加的力在 2 500 mV 时转动角度很大,能感受到抓取的物体相对 $k_s = 3.2$ 较硬。$k_s = 7.2$ 时主手上转动最大在 164°时,可以明显感觉到所抓取样本更硬。所以整个系统在实现力、位移跟踪的同时,能感受到抓取样本的刚度,远程操作的同时实现身临其境的感受。

　　由于步进电机带自锁功能,没有控制信号直接拨动电机轴转动造成电机的堵转损坏电机。初始时刻步进电机旋转轴有一个初始角度。在遥操作试验过程中,当主手上没有触觉力时,但主手控制器对触觉力采集不会完全意义上地为0,而是一个较小值,此时若从手力为0,控制器会控制步进电机一直减小角位移达到最小角位移处,而无法搬动拨杆。操作者不操作主机械手时,从手较小值触觉力存在,类似力觉再现试验,主手控制器会将步进电机驱动的拨杆控制到初始位置。

8.6.2 任意力反馈遥操作试验

为了验证主从式机械手力、位移跟踪的任意特征,利用单自由度装置设计了主从手允许运动空间下的任意遥操作试验。试验过程中直接主机械手结构及方式保持不变,从机械手的触觉力测量直接通过压电薄膜传感器实现,为了保证压电薄膜传感器与目标接触充分,不采用接触所触碰物体的方式,而是直接改用手指保证直接接触。其他均保持不变,记录主从机械手的力、位移跟踪数据。任意力反馈遥操作试验力、位移跟踪如图 8-12 所示。

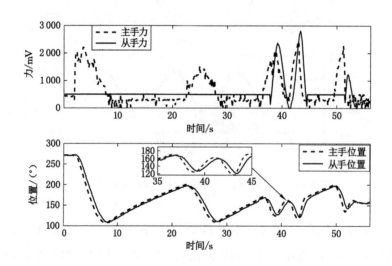

图 8-12　遥操作任意力反馈试验力位移跟踪曲线图

由图 8-12 可知,在自由空间运动时,从手很好地跟踪主手,响应速度快、超调量小,跟踪误差小于 5%。在 37 s 时从手端触觉到物体产生触觉力时,在主手上很快产生触觉力作用,主手控制器保证控制主手位置实现主手力与从手力的匹配。实现了主手、从手的位置一致以及主手、从手的协同性。当操作者触觉力一直大于从手的力信号,一直压主手拨端杆,主手电机一直跟随操作者施加力方向转动,则会一直拨动到位置最小处。当操作者施加主手的力撤回,由于从手力有一个小参数值,则会将步进电机旋转至位置最大处。整体系统具有较强的稳定性以及透明性。由于主机械手存在关节摩擦，要主机械手电机转动需要克服一定的力值，即主从机械手跟踪有一定的阈值，小于阈值时无法保证力位移跟踪，在试验中设定为 500 mV。

8.7　基于电极系阵列的力反馈装置设计

力反馈装置包括气动、液动、电动等驱动方式实现力觉再现，操作过程中如果时间过长容易产生疲劳问题影响操作效率，针对此问题提出了基于皮肤刺激的力觉实现原理及方法。通过建立力信号与电刺激信号的对应关系，利用十二个电极信号在皮肤上的刺激实现对从手力信号以十二位二进制形式的信息感知[200]。通过短时间的训练即可满足对力信号的等价感知，通过对皮肤表面的电极通电来感知环境力。使作为本地主机械手装置不需要复杂的气动、液动、电动装置，避免了操作者由于佩戴复杂的力反馈装置产生疲劳的问题。并且在主机械手上不需要控制器来实现对操作者的位置进行调整，而是将操作者作为了一个闭环控制环节，主机械手上不需要安装机械手测力传感器，不需要设计主机械手控制器实现力、位移控制。

人脑也是一个智慧处理器，包含预测控制、误差调节的控制思想，而专家控制、神经网络、模糊控制等人工智能控制策略都包含人脑智能控制的特征。设计过程中将人脑作为了主手闭环控制的核心，更能体现操作者本地实现对外部信息的抓取思想。为了防止右手没有接触物存在操作时间长会造成疲劳，或者由于不同于直接接触抓取目标时存在作用力与反作用力，只需要将右手手指搭在气球、弹簧等附加物上实现操作，此时右手手指的指尖力与实际力是不同步的，通过左手来感知从手抓取样本的力。

研究者提出了一种基于电极系陈列人体皮肤刺激的力反馈实现方式，利用人体皮肤能够灵敏感知电信号和力信号的特点，将十二个电极系表示的数字式信号作用在操作者左手腕的皮肤表面，映射从手环境 0～20 N 范围的力信息，通过建立力-电极信号的映射关系及短时间的训练满足对从手的力信号感知。通过采集操作者右手指末的位置信息作为从手的位置跟踪信号，避免了操作过程的疲劳以及主手力反馈设备的笨重感。主手控制器不需要对主手设计力信号控制律，只是完成对主手的位置信号采集以及通过 A/D 转换实现对十二电极供电。通信环节实现了主手的位置信号传输至从手以及从手的力信号传输至主手。将人作为主手闭环控制中的一环，实现了智能人机交互，更确切地实现了真实的对从手抓取环境的感知，更具有身临其境的效果。

8.7.1　整体结构

基于皮肤刺激的力感知遥操作系统结构图如图 8-13 所示,人的大脑具有可塑性,可以根据输入信息的类型进行改变和重组,将某种特性的感官形式转化为另一种感官形式,替换特有的感官的特征实现力信号在人体皮肤表面作用形式改变,实现力信号感知[201]。

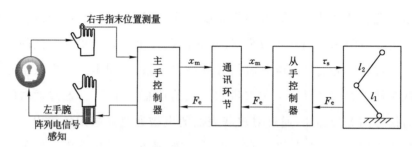

右手指末位置测量

左手腕
阵列电信号
感知

图 8-13　皮肤刺激力感知遥操作系统结构图

将人的大脑作为主机械手闭环系统核心,通过红外、超声波传感器测量操作者右手 x_m 的位置信息,主控制器将位置信息通过通信环节传送至从手控制器,从手控制器根据主手位置作为从手位置 x_s 的跟踪目标,通过位置跟踪误差设计滑模控制律 τ_s,实现从手的位置跟踪,从手末端装力传感器,实现从手末端与外部抓取目标交互力信息 F_e 采集,从控制器将交互力信息 F_e 经通信环节传送至主机械手控制器,主机械手控制器通过二进制转换为 12 个 I/O 口的电极信号量 TTL 电平输出,经信号放大与滤波实现阵列电极信号的加载。操作者通过感知贴在左手腕的电极信号的通断准确判断出触觉力信号值,根据力值调整右手手指末端的位置信号,实现主手的闭环控制。

8.7.2　力反馈阵列电极设计

将从手的力信号转换为 12 位模数信号的电极加载到操作者皮肤上,通过电极的电刺激实现对从手力信号 F_e 的感知。阵列电极多路输出驱动电路如图 8-14 所示。

由于电极系输出只是通断的阈值形式,只需考虑能够对皮肤刺激的通断,不考虑电极电压值。由于主手控制器的普通 I/O 口其 TTL 电平信号驱动能力有限,每一路电极片驱动电压加上有源信号放大电路提高输出功率,并实现方法后信号的滤波输出。主手控制器通过数据通信接收从手环境力 F_e,通过相对参考值为 30 N 力信号的 12 位二进制转换实现对应 12 位电极系的数字量表示,对应 12 个 I/O 口的高低电平,实现对接收到的 12 路电极片的电压驱动。设计满足 30 N 量程的力信号感知,分辨率为 0.007 N,

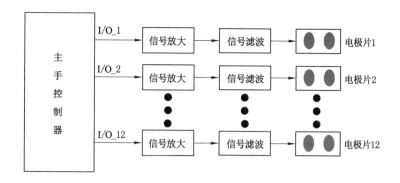

图 8-14　12 路阵列电极输出驱动原理图

远高于皮肤感知外界力信号分辨率的能力,具有很高的力信号辨识度。

为了避免误操作,可以将操作者的手指搭在气球或者线性弹簧装置上实现位移给定量的数字化特征。此时操作者右手上的力与从手环境的力不对应,而是在左侧手腕电极系感知从手环境力。这样设计避免了操作时间过长引起手指的疲劳。

操作过程只需操作者捏气球或弹簧等装置,位移传感器测量手指在操作空间的位置信息,主手控制器采集位置信号通过通信环节传送至从手控制器,从手控制器采集从手位置以及主手位置作跟踪控制。同时从手控制器采集从手触觉力信息通过通信网络传送至本地主控制器,主控制器将从手力信号经 D/A 转换为十二通道电极系作用在手腕上,操作者根据之前电极系与施加力值的对应能感知从手环境力值大小,然后通过大脑直接调整手指位置信息,完成主、从手双闭环控制。

8.8　本 章 小 结

本章针对遥操作系统增强现实及实现本地力觉再现以提高精细化操作,研究了用于遥操作系统实现本地力觉再现的力反馈装置。首先面向水下遥操作样本抓取设计了单自由度力反馈装置,该装置通过步进电机驱动同轴连接的拨杆,拨杆末端装压电薄膜传感器,并且有角度传感器与步进电机输出轴同轴连接测量角度。根据该装置搭建了单自由度遥操作力反馈平台,通过设计 PID 控制算法实现基于标注力误差下的控制量计算来调节装置驱动电机位置,实现了标准的触觉力信号在手指上的控制实现。

其次进行了基于该力反馈装置的遥操作平台试验验证。构建了单自由度遥操作系统,在该遥操作系统上实现了虚拟力反馈试验,满足了通过该系统在本地主机械手上实现对从手对样本抓住以及感知从手刚度的特点。通过任意遥操作试验实现了从手对主手的任意位置跟踪以及在主手上的任意力觉再现,满足了操作者在遥操作过程中具有真实的临场感的要求。最后为了解决力反馈装置操作疲劳的问题,提出了基于电极系阵列的力反馈装置。将操作者看作一个闭环系统,将力反馈信息转化为电刺激方式作用于人体皮肤,通过测量角度来实现主机械手操作,实现了便携性佩戴且易于操作的特点。

9　总结与展望

9.1　主要研究内容

本课题来源于船舶预研基金项目"基于力觉感知的水下主从遥操作系统",主要研究内容有:① 从机械手水下力觉传感方法研究;② 主机械手力觉信息和环境信息临场表现方法研究;③ 水下遥操作系统的稳定性和一致性研究。研究了用于水下遥操作系统的力、位移跟踪控制方法,力觉反馈实现方式以及水下力觉感知方式,设计了面向遥操作的双边控制策略,提高了主、从机械手遥操作稳定性和透明性。本书的主要研究内容详述如下:

(1)针对单自由度遥操作系统实现力、位移协同一致性以及操作过程中的柔顺性能,提出了滑模阻抗双边控制策略。设计了二阶阻抗模型以及通过模糊调节器调整阻抗参数,实现了主手操作者施加力与位移之间的柔顺性以及调节位置的动、静态平稳性能。为了增加从机械手在运动过程中的抗干扰能力,设计了积分型准滑模控制器。所引入的饱和函数消除了滑模运动的抖振,通过设计指数型趋近律实现从手位置跟踪收敛的快速性。

利用 Liewellyn 绝对稳定性准则分析了系统的稳定性条件。通过 Matlab 仿真验证了主从机械手力、位移跟踪一致同步性能。结果表明积分滑模变结构控制消除了切换模态的抖振问题,主从机械手具有良好的位置跟踪以及与环境交互性能,系统控制具有自适应及鲁棒性能。

(2)针对主从机械手存在关节摩擦以及关节长度、质量不可完全测量引起机械手模型不确定的问题,还包括从机械手存在水流引起的不确定干扰问题,为了实现主从机械手力、位置跟踪性能提出了自适应双边控制策略。针对主机械手模型参数不确定性设计了模型参考自适应控制,利用自适应控制律补偿模型不确定性,实现主手上操作者施加力对从手和环境交互力信号的跟踪匹配。针对从机械手模型参数的不确定性设计了基于滑模变量的 RBF 神经网络控制器,通过 RBF 神经网络逼近模型的不确定部分,通过滑模变量自适应控制器消除逼近误差,满足了从机械手对主机械手位置跟踪误差一致稳定有界。

根据李雅普诺夫稳定性判据证明了跟踪的渐近收敛性能与全局的稳定性,保证力遥操作过程控制力、位置协同一致的能力。通过 Matlab 仿真验证说明整体控制在内部干扰以及外部不确定扰动条件下具有很好的力、位置跟踪能力,系统具有稳定性和自适应性的能力。

(3)针对主、从机械手存在外界不确定干扰以及关节摩擦引起的不确定问题提出了自适应双边控制策略。建立线性二阶微分方程的参考阻抗模型,其中主机械手将操作者施加力与从手与抓取目标作用力的差作为输入,从机械手阻抗模型将从手与抓取目标作用力作为输入,将主从手参考阻抗模型的动态响应期望位置作为主、从机械手末端的操作空间下的位置跟踪目标,设计了滑模变量下的主从手控制律。通过自适应调节补偿内部参数的不确定性,针对外部干扰,设计了自适应上界估计器,利用基于滑模控制的自适应律来抑制不确定误差及外部干扰作用,实现了模型不确定性及外部干扰下的鲁棒性能。

设计了李雅普诺夫稳定性判据证明了所设计控制律的力位移跟踪性能及全局稳定性。在系统模型不确定以及外部干扰条件下,控制律依然保证从机械手对主机械手的位置跟踪以及主机械手对从手的力跟踪。设计了主手内部不确定自适应律以及外部干扰上界不确定自适应律对外部干扰以及自身模型的不确定性补偿,满足鲁棒稳定性特征,通过 Matlab/Simulink 平台仿真验证了控制特性。

(4)研究了针对水下机械手的自适应阻抗控制策略实现在线辨识控制。结合人手抓取原理,参考机械手在果蔬抓取、康复机器人、机器人工件打磨等力控制,提出了一种自适应阻抗控制算法。通过构造基于位置的阻抗控制模型,对抓取目标的阻抗参数进行在线辨识,对机械手末端运动特征与刚度模糊辨识调整期望力值。将期望力与接触力误差通过自适应 PID 实时调节期望位置,实现了机械手在跟踪期望位置的同时跟踪期望力值,保证了机械手对目标的抓住、抓牢,并最大限度地避免了损伤目标。通过实时辨识抓取对象的刚度参数以及位置来实现期望位置调整以消除期望力跟踪的静态误差。

所设计的自适应阻抗控制方法以阻抗控制外环、位置控制内环为核心,分别设定抓取期望力与期望位置,利用递推最小二乘法在线辨识抓取目标的阻抗参数,根据辨识的目标阻抗特征与运动属性通过模糊控制在线调节期望力,通过自适应 PID 实时调节期望位置,在机械手跟踪期望位置的同时,实现了对期望力的跟踪,保证抓取力对目标抓住、抓牢并防止损伤抓取目标的特点。通过在 Matlab/Simulink 平台上仿真,验证了该方法的有效性。

(5)研究设计了用于水下触觉测量的触觉力传感器。为了保证水下机械手目标抓取过程中实现抓住、抓牢并且保证抓取位置判断,首先设计了包含阵列式触觉力传感器的手指。针对水压环境影响,设计了以硅杯为敏感单元的胶囊式触觉力测量传感器,其一侧可感知水压与触觉力信息,另一侧可测量水压信息,从而实现了基于变水深环境压力矢量叠加下触觉力测量。利用弹性力学与板壳理论分析推导了方形硅杯底部的应力分布,进行利兹法与最小势能原理分析硅杯底部的应变与应力分析,用 Von-mises 理论计算硅杯等效应力,并通过 Ansys 软件分析了硅杯底部的应力和应变分布,并且与应力应变的 Matlab 解析解之间进行了仿真比对。

设计了触觉力传感器结构,利用四只硅式半导体应变单元分布在硅杯底部高应力区,实现压力与阻值变化的线性输出。以差压式硅杯为测量核心的传感器保证了水下机械手在大范围作业下触觉力精细化检测的要求。传感器阵列分布使水下机械手具有方向感,实现了机械手判断抓取目标是否抓住、抓牢以及抓取位置的目标。通过试验验证了触觉力传感器的零点测试、变深度下的触觉力加载试验、温度漂移试验,试验结果表明水下触觉力传感器具有很好的线性输出特征以及线性度。将所设计的触觉力传感器以阵列形式分布在机械手的手指表面,可以实现灵巧手抓取过程的目标抓取的位置确定以及触觉力值测量,保证了灵巧手抓住、抓牢的特点。

(6)研究了本地主机械手力觉信号的再现方法。介绍了用于主从遥操作中实现本地力觉再现的力反馈装置,该装置基于步进电机驱动,通过控制驱动电机的旋转实现控制施加力的目标,利用 PID 控制方法实现了标准力信号手指感觉再现。参照力反馈装置结构特点搭建了单自由度力反馈试验平台,通过主从机械手 PID 控制实现了力、位移的协同一致。

基于力反馈装置构建了单自由度主机械手力觉信号再现装置,实现了虚拟力反馈试验,并且在主手上能够感受抓取样本的刚度。通过遥操作试验实现了从手对主手的任意位置跟踪以及在主手上的力觉再现,满足了操作者在遥操作过程中所需的临场感。该系统具有很好的透明性、稳定性。为了解决力反馈装置操作疲劳的问题,提出了基于电极系阵列的力反馈装置。将操作者看成一个闭环系统,将力反馈信息转化为电刺激方式作用于人体皮肤,通过测量角度来实现主机械手操作,实现了便携性佩戴且易于操作的特点。

9.2　本书的创新点

随着互联网技术、工业机器人技术、传感器技术、人机智能控制技术的发展,控制目标的智能化及无人化是一种发展趋势。目前完全自动化或者智能化还无法达到,有人参与或者人机协同作业是机器人控制领域的重点。遥操作技术就是使人类摆脱危险区域或者距离限制提出的一项技术,其应用具有越来越广泛的趋势。本书基于水下机械手在操作过程中存在的水下压强大、光线差的复杂环境,以及由于缺少力觉感知使水下机械手在与操作对象交互的过程中,存在抓取目标不牢靠造成目标脱落或者由于抓取目标太紧引起损坏操作目标的问题。基于以上问题研究基于力觉感知的主从式遥操作机械手系统。

针对水下大水深、大水压环境设计了测量水下触觉的触觉力传感器。该触觉力传感器以硅杯为敏感单元,通过差压结构矢量叠加方式消除了水压强对触觉力测量的影响。通过试验验证所设计的触觉力传感器具有很高的灵敏度及很小的非线性特征,差压式结构消除了水深影响,具有一定的创新能力。搭建了实现本地力觉信号再现的试验平台,通过 PID 控制实现了标准力信号在手指上的再次复现。并将实现本地力觉信号再现的实现平台用在遥操作中作为主机械手,搭建了实现单自由度遥操作功能的试验平台。主从机械手通过 PID 控制,从手实现位置信号跟踪主手位置,主手实现力信号跟踪从手触觉力,保证了主从机械手的力、位置协调一致性能。通过试验验证了遥操作装置的可实现性。

(1)针对单自由度形式的水下机械手遥操作系统中存在抓取对象未知、鲁棒性差的问题,提出了双边控制策略。设计了主手、从手数学模型,主手采用模糊自适应阻抗控制,从手采用积分准滑模控制,并在 Matlab/Simulink 上进行了单自由度的主、从机械手控制仿真。保证了从手在双边控制中具有很好的力/位置跟踪主手的能力,模糊自适应阻抗控制在可变环境刚度条件下提高了主手对环境的力觉感知能力,滑模控制保证了从手上的抗干扰能力,采用积分滑模变结构控制消除了切换模态的抖振问题,具有一定的创新能力。

(2)在遥操作过程中主从机械手数学模型及外部干扰引起的不确定条件下,提出了自适应双边控制策略。对主机械手摩擦干扰与外部不确定干扰引起的不确定性以及非线性特性,设计了基于阻抗模型的参考自适应阻抗控制,利用自适应控制律补偿不确定性,通过从手力与操作者施加的主手力误差调节期望轨迹,并实现主手力对从手力的跟踪。通过 RBF 神经网络对从手的不确定性进行自适应补偿,通过滑模变结构控制器与自适应控制器消除逼近误差,满足了从机械手位置对主机械手位置跟踪,提高了跟踪效果。保证整体控制在内部干扰不确定及外部干扰条件下具有很好的力、位置跟踪能力,所设计的控制律具有稳定性和自适应性。

(3)在遥操作过程中主从机械手数学模型及外部干扰引起的不确定条件下,提出了基于阻抗参考模型的自适应控制方法实现主手、从手力位移信号的同步。通过建立线性二阶微分方程的参考阻抗模型,将主从手参考阻抗模型的动态响应期望位置作为主、从机械手末端的操作空间下的位置跟踪目标。对机械手动态参数不确定在线学习估计,对外界干扰作不确定上界估计,并且设计了滑模控制项消除内部干扰与外部不确定干扰,保证了主、从机械手闭环动态方程与参考阻抗模型动态方程相一致,实现了主、从机械手末端对参考阻抗模型输出的期望位置误差渐进收敛于零。

(4)为了实现水下机械手目标抓取多样性,柔顺性控制以适应水下未知环境,在传统阻抗控制方法的基础上,提出了自适应阻抗控制方法。自适应阻抗控制方法以阻抗控制外环、位置控制内环为核心,分别设定抓取期望力与期望位置,利用递推最小二乘法在线辨识抓取目标的阻抗参数,根据辨识的目标阻抗特征与运动属性通过模糊控制在线调节期望力,通过自适应 PID 实时调节期望位置,实现了在机械手跟踪期望位置的同时,实现对期望力的跟踪,保证抓取力对目标抓主、抓牢并防止损伤抓取目标的特点。

9.3　研究展望

2016 年国家第十三个"五年规划"纲要中指出研发海洋工程装备及高技术船舶,发展深海探测、大洋钻探、海底资源开发利用、海上作业保障等装备和系统。推动深海空间站、大型浮式结构物开发和工程化。重点突破邮轮等高技术船舶及重点配套设备集成化、智能化、模块化设计制造核心技术。同时指出了我国海洋技术发展的重要性及迫切性。由于水下的复杂环境,水下仪器仪表以及水下机械手控制具有很好的发展前景。

由于现在还无法实现完全的自主化及无人化,有人参与的人机交互装置得到了充足的发展需要。本书针对基于力觉感知的水下机械手遥操作双边控制系统进行了一定的研究及初步试验验证,在分析水下机械手缺少力觉感知以及水下机械手遥操作过程中存在的外部干扰以及模型不确定性提出了解决方案,遥操作技术已经取得了一定的进步,但是仍然有很多不足之处,很多问题有待于更深一步的研究。根据本书的研究工作,今后可以集中在以下几个方面做相关改进及进一步研究:

(1)随着5G技术的推进与相关产品的问世,5G技术无线网络全覆盖、传输速率更快、时延更小,应用到遥操作双边控制系统中,可以缓解距离问题产生的时延问题。然而,现在水下设备的通信依然会对机械手时延带来一定的影响,所以水下机械手遥操作依然不能忽略通信时延的问题,消除固定时延以及非固定时延下的遥操作,实现主从机械手协调一致,仍然是一个研究目标。由于水下的复杂环境,水下洋流、附近水、盐度、浮力等问题造成的水下机械手模型的不确定问题,依然会影响控制器的整体效果。机械手关节摩擦以及与外部交互过程中所加负载会影响机械手的动态模型。针对机械手模型辨识、系统的扰动设计自适应控制器,保证系统的稳定性,实现模型不确定及外部干扰条件下的稳定性,依然是一个研究方向。

在遥操作过程中,单主机械手-单从机械手无法保证完成操作任务,所以为了提高操作效率,多主机械手-多从机械手协调操作完成工作任务是一个研究方向。主、从机械手遥操作,不一定保证主从机械手的结构完全相同,所以主从机械手异构下的遥操作实现操作空间机械手末端位置跟踪以及力跟踪,仍然需要一定的工作研究。

(2)目前的水下触觉力传感器由于缺少力觉感知,如"深海勇士"号水下作业潜器上所配的机械手,在操作舱内通过视频实时观测操作环境,通过直接的开环位置控制,利用粗调及微调的方式凭借操作者经验实现对操作对象作业。该操作方式存在抓取目标由于控制精度问题造成目标脱落或者产生目标损坏问题。同时该操作方式由于水下航行器运动速度慢及操作过程的缓慢,对静态的植物或者运动缓慢的生物很容易捕获,但是对于运动速度稍快的生物由于操作缓慢就会错失抓捕机会,无法保证水下样本采集的多样性。研制包含测量力、力矩信息的触觉力传感器,将力控制及位置控制融入水下机械手运动控制过程中,对水下机械手抓取的智能化问题是不错的解决方案。因此将力控制融入水下机械手的控制,提高对水下生物的辨识能力及捕获能力,研究水下机械手在外部不确定干扰以及由于浮力、关节摩擦造成的数学模型不确定问题下,实现精确的触觉力控制,也可以看作是一个研究方向。

(3)灵活的作业功能以及任意水深下都可以完成作业是水下机械手应用发展的基本趋势。由于水下环境复杂,操作机械手及定位机械手双机械手是常见结构。其中,定位机械手关节结构简单,实现简易操作以及姿态定位功能,另一只机械手自由度较多,结构复杂且操作灵活,可以完成复杂水下作业。所以用于水下机械手遥操作系统中,两套独立的水下主从遥操作装置分别实现各自的力位移跟踪,保证从机械手双臂协同功能也是进一步研究的趋势。

（4）所设计的触觉力传感器不仅可以用于水下触觉力测量，还可以用于水下目标识别，主要用于抓取目标形状判断以及抓取目标材质判断等，可以做进一步的研究。所设计的触觉力传感器没有进行标定实现真实触觉力信号输出。主要原因是基本不存在能够提供标准的压强环境、温度环境并且可以实现标准触觉力信号加载的实验室标定装置。所以研发压力罐或者压力槽实现可设定压强给定、水温给定装置实现触觉力传感器标定，以确保高精度触觉力信号输出可以做进一步研究。针对水下触觉力传感器的标定方法，可以使用 BP 神经网络算法实现触觉力传感器的标定，实现真实触觉力传感器信号输出。

所设计的触觉力传感器，首先购买的芯体具有一层外壳，另外为了充油又加上了一层外壳。为了实现触觉力传感器的小型化，并且实现该触觉力传感器能够安装到水下机械手手指上形成阵列式传感器，实现更多触觉力信息获取，保证抓取位置确定，可以从减小触觉力传感器的体积方面做进一步的研究。具体做法是将传感器芯体外壳与传感器的外壳合二为一，直接将芯体内的硅杯固定在机械手手指上，用所制作的机械手手指内孔作为传感器的外壳，可以大大减小触觉力传感器的体积。

（5）本书对遥操作系统实现了单自由度下的试验验证，通过建立步进电机输出转矩驱动连杆摆动，利用角度传感器测量转动角度，摆杆末端加上触觉力传感器测量触觉力测量，利用 MSP430 单片机基于主从机械手 PID 控制实现了遥操作控制功能。前期的简易单自由度遥操作样机已经实现，并且保证了主机械手和从机械手上的一致协同效果，实现了主手对从环境力信号跟踪，同时从手对主手的位置跟踪特点。通过前期的验证保证了遥操作控制的可行性。然而该遥操作系统还未实现真实的水下遥操作机械手应用，未实现本地操作远端机械手实现智能抓取作业特点。在未来的研究中，可以研究用于水下遥操作机械手系统样机，主机械手位于本地，从机械手位于 ROV 或者 AUV 上，通过操作本地主机械手实现远端操作效果。可以通过摄像机将从机械手工作环境的图像信息在本地复现，将远端的声音信息同样在本地重现，模拟虚拟现实技术在本地构成了一个远端海洋环境的本地再现。操作者需要在本地操作，就可以实现从机械手的操作功能。

对于主从机械手的机械结构设计，触觉力传感器的安装、防水密封问题都有待于解决。所以说，整体遥操作系统还有更多的研究内容去做。

参 考 文 献

［1］ KUMAR S，RASTOGI V，GUPTA P. PID Based Impedance Control Scheme for Flexible Single Arm Underwater Robot Manipulator［C］// International Conference on New Frontiers in Engineering，Science & Technology，New Delhi，India，January. 2018.

［2］ 施生达.潜艇操纵性［M］.北京:国防工业出版社,1995.

［3］ KOHNEN W. Human exploration of the deep seas:fifty years and the inspiration continues[J]. Marine Technology Society Journal,2009,43(5):42-62.

［4］ 蒋新松.水下机器人［M］.沈阳:辽宁科学技术出版社，2000.

［5］ SATTAR J,DUDEK G. Underwater human-robot interaction via biological motion identification［C］//Robotics:Science and Systems V. Robotics:Science and Systems Foundation,2009.

［6］ ISLAM M J. Understanding human motion and gestures for underwater human-robotcollaboration［EB/OL］. 2018:arXiv:1804. 02479. https://arxiv. org/abs/1804. 02479. pdf

［7］ SATTAR J,DUDEK G. Visual identification of biological motion for underwater human-robot interaction[J]. Autonomous Robots,2018,42(1):111-124.

［8］ KUMAR S，RASTOGI V，GUPTA P. Recent developments in modeling and control of underwater robot manipulator:a review[J]. Indian Journal of Science and Technology,2016,9(48):1-8.

［9］ 徐德民.鱼雷自动控制系统［M］.2 版.西安:西北工业大学出版社,2001.

［10］ ISLAM M J,SATTAR J. Mixed-domain biological motion tracking for underwater human-robot interaction［C］//2017 IEEE International Conference on Robotics and Automation (ICRA). May 29-June 3,2017,Singapore. IEEE,2017:4457-4464.

[11] FARIVARNEJAD H,ALI A MOOSAVIAN S. Multiple Impedance Control for object manipulation by a dual arm underwater vehicle-manipulator system[J]. Ocean Engineering,2014,89:82-98.

[12] 严卫生.鱼雷航行力学[M].西安:西北工业大学出版社,2005.

[13] KANG J I,CHOI H S,JUN B H,et al. Control and implementation of underwater vehicle manipulator system using zero moment point[C]//2017 IEEE Underwater Technology (UT). February 21-24,2017,Busan,Korea (South). IEEE,2017:1-5.

[14] HAN J,CHUNG W K. Active use of restoring moments for motion control of an underwater vehicle-manipulator system[J]. IEEE Journal of Oceanic Engineering, 2014,39(1):100-109.

[15] CHEN W, WEI Y, ZENG J, et al. Review of Underwater Vehicle-Manipulator System Control Method[J]. Journal of Chongqing University of Technology (Natural Science), 2015, 8: 022.

[16] AGGARWAL A,ALBIEZ J. Autonomous trajectory planning and following for industrial underwater manipulators[C]//2013 OCEANS - San Diego. September 23-27,2013,San Diego,CA,USA. IEEE,2014:1-7.

[17] FERNANDEZ J J, PRATS M, SANZ P J, et al. Grasping for the seabed: developing a new underwater robot arm for shallow-water intervention[J]. IEEE Robotics & Automation Magazine,2013,20(4):121-130.

[18] 张铭钧.水下机器人[M].北京:海洋出版社,2000.

[19] HUO L Q,ZHANG Q F,ZHANG Z Y. A method of inverse kinematics of a 7-function underwater hydraulic manipulator[C]//2013 OCEANS - San Diego. September 23-27,2013,San Diego,CA,USA. IEEE,2014:1-4.

[20] WANG L Q,ZHANG L Y,WANG G,et al. Study on master-slave deepwater manipulator[C]//OCEANS 2017 - Aberdeen. June 19-22,2017,Aberdeen,UK. IEEE,2017:1-6.

[21] BA X,LUO X H,SHI Z C,et al. A vectored water jet propulsion method for autonomous underwater vehicles[J]. Ocean Engineering,2013,74:133-140.

[22] 张敏.水下机械手设计及仿真研究[D].西安:西北工业大学,2005.

[23] LI M X,GUO S X. A wireless biomimetic underwater microrobot for a father-son

robot system［C］//2016 IEEE International Conference on Mechatronics and Automation. August 7-10,2016,Harbin,China. IEEE,2016:392-397.

［24］田烈余,孙瑜霞,陈宗恒,等.海马号 ROV 升沉补偿系统张力与压力特性研究［J］. 中国水运(下半月),2017,17(11):5-7.

［25］胡逢.我国又一"探海神器"交付:"深海勇士"有何过人之处［J］.珠江水运,2017 (23):43-45.

［26］KUMAR R,RAB S,PANT B D,et al. Design,development and characterization of MEMS silicon diaphragm force sensor［J］. Vacuum,2018,153:211-216.

［27］FENG L H,CHEN W,WU T,et al. An improved sensor system for wheel force detection with motion-force decoupling technique［J］. Measurement,2018,119: 205-217.

［28］BARNARD A R,HAMBRIC S A. Design and implementation of a shielded underwater vector sensor for laboratory environments［J］. The Journal of the Acoustical Society of America,2011,130(6):EL387-EL391.

［29］HESHMATI-ALAMDARI S, NIKOU A, KYRIAKOPOULOS K J, et al. A robust force control approach for underwater vehicle manipulator systems* ［J］. IFAC-PapersOnLine,2017,50(1):11197-11202.

［30］PALLI G,MORIELLO L,MELCHIORRI C. On the bandwidth of 6-axis force/ torque sensors for underwater applications［C］//OCEANS 2015 - Genova. May 18-21,2015,Genova,Italy. IEEE,2015:1-6.

［31］PALLI G, MORIELLO L, SCARCIA U, et al. An intrinsic tactile sensor for underwater robotics［J］. IFAC Proceedings Volumes,2014,47(3):3364-3369.

［32］XU D Z,MING Y,QING Z,et al. Mechanical structure of intelligent underwater dexterous hand［C］//2011 IEEE International Conference on Information and Automation. June 6-8,2011,Shenzhen. IEEE,2011:782-785.

［33］刘焕进,刘正士,王勇,等.波纹管用于水下仪器设备压力平衡的力学性能分析［J］. 中国机械工程,2012,23(6):712-716.

［34］黄豪彩,杨灿军,杨群慧,等.基于压力自适应平衡的深海气密采水系统［J］.机械工 程学报,2010,46(12):148-154.

［35］孟庆鑫,王华,王立权,等.一种水下灵巧手指端力传感器的研究［J］.中国机械工 程,2006,17(11):1132-1135.

［36］赵长福.一种用于水下机器人的接触觉传感器［J］.信息与控制,1985,14（2）:
44-47.

［37］BIRGLEN L,GOSSELIN C M. Fuzzy enhanced control of an underactuated finger
using tactile and position sensors［C］//Proceedings of the 2005 IEEE International
Conference on Robotics and Automation. April 18-22, 2005, Barcelona, Spain.
IEEE,2006:2320-2325.

［38］LEE H K,CHANG S I,YOON E. A flexible polymer tactile sensor:fabrication
and modular expandability for large area deployment ［J］. Journal of
Microelectromechanical Systems,2006,15（6）:1681-1686.

［39］KIMOTO A,SUGITANI N,FUJISAKI S. A multifunctional tactile sensor based
on PVDF films for identification of materials［J］. IEEE Sensors Journal,2010,10
（9）:1508-1513.

［40］TIWANA M I,REDMOND S J,LOVELL N H. A review of tactile sensing
technologies with applications in biomedical engineering ［J］. Sensors and
Actuators A:Physical,2012,179:17-31.

［41］MEI T,LI W J,GE Y,et al. An integrated MEMS three-dimensional tactile sensor
with large force range［J］. Sensors and Actuators A:Physical, 2000, 80（2）:
155-162.

［42］SHINODA H,ANDO S. Ultrasonic emission tactile sensor for contact localization
and characterization［C］//Proceedings of the 1994 IEEE International Conference
on Robotics and Automation. May 8-13,1994,San Diego,CA,USA. IEEE,2002:
2536-2543.

［43］LIN C H,ERICKSON T W,FISHEL J A,et al. Signal processing and fabrication
of a biomimetic tactile sensor array with thermal,force and microvibration
modalities［C］//2009 IEEE International Conference on Robotics and Biomimetics
（ROBIO）. December 19-23,2009,Guilin,China. IEEE,2010:129-134.

［44］PALLI G,MORIELLO L,MELCHIORRI C. Performance and sealing material
evaluation in 6-axis force-torque sensors for underwater robotics ［J］. IFAC-
PapersOnLine,2015,48（2）:177-182.

［45］AHOLA J M,SEPPÄLÄ T,KOSKINEN J,et al. Calibration of the pose
parameters between coupled 6-axis F/T sensors in robotics applications［J］.

Robotics and Autonomous Systems,2017,89:1-8.

[46] GAO L F, SONG N, GE Y J, et al. Research on dynamic characteristics of six-axis force sensor for aeronautic robot[J]. Robot, 2002, 24(4):319-323.

[47] WANG H,HUANG X D,QI X D,et al. Development of underwater robot hand and its finger tracking control[C]//2007 IEEE International Conference on Automation and Logistics. August 18-21, 2007, Jinan, China. IEEE, 2007: 2973-2977.

[48] MENG Q, WANG H, LI P, et al. Dexterous underwater robot hand: HEU Hand Ⅱ[C]//Mechatronics and Automation, Proceedings of the 2006 IEEE International Conference on. IEEE, 2006:1477-1482.

[49] LANE D M,DAVIES J B C,ROBINSON G,et al. The AMADEUS dextrous subsea hand:design,modeling,and sensor processing[J]. IEEE Journal of Oceanic Engineering,1999,24(1):96-111.

[50] LANE D M, DAVIES J B C, CASALINO G, et al. AMADEUS: advanced manipulation for deep underwater sampling[J]. IEEE Robotics & Automation Magazine,1997,4(4):34-45.

[51] KAMPMANN P,KIRCHNER F. Integration of fiber-optic sensor arrays into a multi-modal tactile sensor processing system for robotic end-effectors [J]. Sensors,2014,14(4):6854-6876.

[52] AGGARWAL A,KAMPMANN P,LEMBURG J,et al. Haptic object recognition in underwater and deep-sea environments[J]. Journal of Field Robotics,2015,32 (1):167-185.

[53] LIANG Q K, ZHANG D, GE Y J, et al. Miniature robust five-dimensional fingertip force/torque sensor with high performance[J]. Measurement Science and Technology,2011,22(3):035205.

[54] LIANG Q K,ZHANG D,CHI Z Z,et al. Fingertip force/torque sensor with high isotropy and sensitivity for underwater manipulation[C]//Proceedings of ASME 2010 International Design Engineering Technical Conferences and Computers and Information in Engineering Conference,August 15-18,2010,Montreal,Quebec, Canada. 2011:743-752.

[55] PALLI G,MORIELLO L,MELCHIORRI C. Experimental evaluation of sealing

materials in 6-axis force/torque sensors for underwater applications［C］//
MORENO-DÍAZ R，PICHLER F，QUESADA-ARENCIBIA A. International
Conference on Computer Aided Systems Theory. Cham：Springer，2015：841-852.

［56］ MUSCOLO G G，CANNATA G. A novel tactile sensor for underwater
applications：limits and perspectives［C］//OCEANS 2015 - Genova. May 18-21，
2015，Genova，Italy. IEEE，2015：1-7.

［57］王勇，刘正士，陈恩伟，等.软囊式水下力传感器的力学特性与设计原则［J］.机械工
程学报，2009，45(10)：15-21.

［58］LI J Y，YOU B，DING L，et al. A novel bilateral haptic teleoperation approach for
hexapod robot walking and manipulating with legs［J］. Robotics and Autonomous
Systems，2018，108：1-12.

［59］YEW A W W，ONG S K，NEE A Y C. Immersive augmented reality environment
for the teleoperation of maintenance robots［J］. Procedia CIRP，2017，61：305-310.

［60］SHI Z，HUANG X X，HU T J，et al. Weighted augmented Jacobian matrix with a
variable coefficient method for kinematics mapping of space teleoperation based on
human-robot motion similarity［J］. Advances in Space Research，2016，58(7)：
1401-1416.

［61］SIVČEV S，COLEMAN J，OMERDIĆE，et al. Underwater manipulators：a review
［J］. Ocean Engineering，2018，163：431-450.

［62］LAUNAY J P. Teleoperation and nuclear services advantages of computerized
operator-assistance tools［J］. Nuclear Engineering and Design，1998，180(1)：
47-52.

［63］FANG Y H，WU B，HUANG F J，et al. Research on teleoperation surgery
simulation system based on virtual reality［C］//Proceeding of the 11th World
Congress on Intelligent Control and Automation. June 29-July 4，2014，Shenyang，
China. IEEE，2015：5830-5834.

［64］YOON W K，GOSHOZONO T，KAWABE H，et al. Model-based teleoperation
of a Space robot on ETS-Ⅶ using a haptic interface［C］//ICRA. 2001：407-412.

［65］HIRABAYASHI T，AKIZONO J，YAMAMOTO T，et al. Teleoperation of
construction machines with haptic information for underwater applications［J］.
Automation in Construction，2006，15(5)：563-570.

[66] REED B B,SMITH R C,NAASZ B J,et al. The restore-L servicing mission[C]// Proceedings of the AIAA SPACE 2016. Long Beach,California. Reston,Virginia: AIAA,2016:AIAA2016-5478.

[67] 时中,黄学祥,谭谦,等. 自由飞行空间机器人的遥操作分数阶 PID 控制(英文)[J]. 控制理论与应用,2016,33(6):800-808.

[68] SUN H Y,SONG G M,WEI Z,et al. Bilateral teleoperation of an unmanned aerial vehicle for forest fire detection[C]//2017 IEEE International Conference on Information and Automation (ICIA). July 18-20,2017,Macao,China. IEEE,2017: 586-591.

[69] HOU Z, WEI Q, LI FENG, et al. Design on a half closed-loop bilateral teleoperation system[C]// Control Conference. IEEE, 2010:3432-3436.

[70] YAN J H,ZHAO J,YANG C,et al. Design of a coordinated control strategy for multi-mobile-manipulator cooperative teleoperation system [C]//2012 IEEE International Conference on Mechatronics and Automation. August 5-8, 2012, Chengdu,China. IEEE,2012:783-788.

[71] CHEN D F,SONG A G,LI A. Design and calibration of a six-axis force/torque sensor with large measurement range used for the space manipulator[J]. Procedia Engineering,2015,99:1164-1170.

[72] 黄攀峰,胡永新,王东科,等. 空间绳系机器人目标抓捕鲁棒自适应控制器设计[J]. 自动化学报,2017,43(4):538-547.

[73] FANG H G,XIE Z W,LIU H. An exoskeleton master hand for controlling DLR/ HIT hand[C]//2009 IEEE/RSJ International Conference on Intelligent Robots and Systems. October 10-15,2009,St. Louis,MO,USA. IEEE,2009:3703-3708.

[74] LIU H, WU K, MEUSEL P, et al. Multisensory five-finger dexterous hand: The DLR/HIT Hand Ⅱ[C]//Intelligent Robots and Systems, 2008. IROS 2008. IEEE/RSJ International Conference on. IEEE, 2008: 3692-3697.

[75] 高薇,蔡敦波,周建平,等. 嫦娥三号"玉兔号"巡视器行为规划方法[J]. 北京航空航天大学学报,2017,43(2):277-284.

[76] 方红根. 基于力反馈数据手套的多指灵巧手主从控制的研究[D]. 哈尔滨:哈尔滨工业大学,2010.

[77] NATORI K,TSUJI T,OHNISHI K. Time delay compensation by communication

disturbance observer in bilateral teleoperation systems [C]//9th IEEE International Workshop on Advanced Motion Control. March 27-29, 2006, Istanbul, Turkey. IEEE, 2006:218-223.

[78] GHAVIFEKR A A, GHIASI A R, BADAMCHIZADEH M A, et al. Stability analysis of the linear discrete teleoperation systems with stochastic sampling and data dropout[J]. European Journal of Control, 2018, 41:63-71.

[79] ERFANI A, REZAEI S, POURSEIFI M, et al. Optimal control in teleoperation systems with time delay: a singular perturbation approach [J]. Journal of Computational and Applied Mathematics, 2018, 338:168-184.

[80] ZHANG B, KRUSZEWSKI A, RICHARD J P. H_∞ control design for novel teleoperation system scheme: a discrete approach* [J]. IFAC Proceedings Volumes, 2012, 45(14):197-202.

[81] SALINAS L R, SLAWIŃSKI E, MUT V A. Complete bilateral teleoperation system for a rotorcraft UAV with time-varying delay[J]. Mathematical Problems in Engineering, 2015, 2015:1-12.

[82] DELGADO E, BARREIRO A. Stability of teleoperation systems for time-varying delays by LMI techniques[C]//2007 European Control Conference (ECC). July 2-5, 2007, Kos, Greece. IEEE, 2015:4214-4221.

[83] CHOPRA N, BERESTESKY P, SPONG M W. Bilateral teleoperation over unreliable communication networks[J]. IEEE Transactions on Control Systems Technology, 2008, 16(2):304-313.

[84] NUÑO E, ORTEGA R, BASAÑEZ L. An adaptive controller for nonlinear teleoperators[J]. Automatica, 2010, 46(1):155-159.

[85] KIM B Y, AHN H S. A design of bilateral teleoperation systems using composite adaptive controller[J]. Control Engineering Practice, 2013, 21(12):1641-1652.

[86] YANG Y N, HUA C C, GUAN X P. Coordination control for bilateral teleoperation with kinematics and dynamics uncertainties [J]. Robotics and Computer-Integrated Manufacturing, 2014, 30(2):180-188.

[87] LIU Y C, KHONG M H. Adaptive control for nonlinear teleoperators with uncertain kinematics and dynamics [J]. IEEE/ASME Transactions on Mechatronics, 2015, 20(5):2550-2562.

［88］ Lozano R，Chopra N，Spong M W. Passivation of force reflecting bilateral teleoperators with time varying delay［C］//Proceedings of the 8. Mechatronics Forum. 2002：954-962.

［89］ HUA C C,LIU X P. Delay-dependent stability criteria of teleoperation systems with asymmetric time-varying delays［J］. IEEE Transactions on Robotics,2010,26 (5):925-932.

［90］ POLUSHIN I G, DASHKOVSKIY S N, TAKHMAR A, et al. A small gain framework for networked cooperative force-reflecting teleoperation ［J］. Automatica,2013,49(2):338-348.

［91］ WANG D H,LI Z J,SU C Y. Task-space hybrid motion/force control of bilateral teleoperation with unsymmetrical time-varying delays［C］//Proceedings of the 33rd Chinese Control Conference. July 28-30,2014,Nanjing,China. IEEE,2014: 2133-2138.

［92］ ISLAM S,LIU P X,EL SADDIK A. Nonlinear adaptive control for teleoperation systems with symmetrical and unsymmetrical time-varying delay［J］. International Journal of Systems Science,2015,46(16):2928-2938.

［93］ HASHEMZADEH F,TAVAKOLI M. Position and force tracking in nonlinear teleoperation systems under varying delays［J］. Robotica,2015,33(4):1003-1016.

［94］ IMAIDA T,SENDA K. Performance improvement of the PD-based bilateral teleoperators with time delay by introducing relative D-control［J］. Advanced Robotics,2015,29(6):385-400.

［95］ HUA C C,LIU P X,WANG H R. Convergence analysis of tele-operation systems with unsymmetric time-varying delays［C］//2008 IEEE International Workshop on Haptic Audio visual Environments and Games. October 18-19,2008,Ottawa, ON,Canada. IEEE,2008:65-69.

［96］ NATORI K，TSUJI T，OHNISHI K，et al. Time-delay compensation by communication disturbance observer for bilateral teleoperation under time-varying delay［J］. IEEE Transactions on Industrial Electronics,2010,57(3):1050-1062.

［97］ GONG M，TIAN B. Force feedback control strategy of tele-operation based on electro-hydraulic multi-freedom parallel manipulator ［J］. Journal of Jilin University (Engineering and Technology Edition),2012:S1.

［98］DE ROSSI G,MURADORE R. A bilateral teleoperation architecture using Smith predictor and adaptive network buffering［J］. IFAC-PapersOnLine,2017,50(1)：11421-11426.

［99］AGAND P,MOTAHARIFAR M,TAGHIRAD H D. Decentralized robust control for teleoperated needle insertion with uncertainty and communication delay［J］. Mechatronics,2017,46：46-59.

［100］EGOROV I, ZIMIN M A. Nonlinear correction of bilateral remote control systems within a mobile robot pipeline［J］. Procedia Computer Science,2017,103：522-527.

［101］周杰,荣伟彬,许金鹏,等. 基于 SEM 的微纳遥操作系统控制策略研究［J］. 仪器仪表学报,2014,35(11)：2448-2457.

［102］郭语,孙志峻. 基于扰动观测器的时延双边遥操作系统鲁棒阻抗控制［J］. 机械工程学报,2012,48(21)：15-21.

［103］CHO H C,PARK J H. Stable bilateral teleoperation under a time delay using a robust impedance control［J］. Mechatronics,2005,15(5)：611-625.

［104］LI W H,DING L A,GAO H B,et al. Kinematic bilateral teleoperation of wheeled mobile robots subject to longitudinal slippage［J］. IET Control Theory & Applications,2016,10(2)：111-118.

［105］JAZAYERI A,TAVAKOLI M. Bilateral teleoperation system stability with non-passive and strictly passive operator or environment［J］. Control Engineering Practice,2015,40：45-60.

［106］LIU Y C. Task-space bilateral teleoperation systems for heterogeneous robots with time-varying delays［J］. Robotica,2015,33(10)：2065-2082.

［107］GANJEFAR S,REZAEI S,HASHEMZADEH F. Position and force tracking in nonlinear teleoperation systems with sandwich linearity in actuators and time-varying delay［J］. Mechanical Systems and Signal Processing,2017,86：308-324.

［108］LI Y L,YIN Y X,ZHANG D Z. Adaptive task-space synchronization control of bilateral teleoperation systems with uncertain parameters and communication delays［J］. IEEE Access,2018,6：5740-5748.

［109］WANG Z W,CHEN Z,LIANG B,et al. A novel adaptive finite time controller for bilateral teleoperation system［J］. Acta Astronautica,2018,144：263-270.

［110］CHOPRA N，SPONG M W，LOZANO R. Synchronization of bilateral teleoperators with time delay［J］. Automatica，2008，44(8)：2142-2148.

［111］HOSSEINI-SUNY K，MOMENI H，JANABI-SHARIFI F. A modified adaptive controller design for teleoperation systems［J］. Robotics and Autonomous Systems，2010，58(5)：676-683.

［112］YANG Y N，HUA C C，GUAN X P. Adaptive fuzzy synchronization control for networked teleoperation system with input and multi-state constraints［J］. Journal of the Franklin Institute，2016，353(12)：2814-2834.

［113］WANG H L. Passivity based synchronization for networked robotic systems with uncertain kinematics and dynamics［J］. Automatica，2013，49(3)：755-761.

［114］CRAIG J J. Introduction to robotics：mechanics & control［M］. Reading，Mass. ：Addison-Wesley Pub. Co. ，1986.

［115］GUO K，WEI J H，FANG J H，et al. Position tracking control of electro-hydraulic single-rod actuator based on an extended disturbance observer ［J］. Mechatronics，2015，27：47-56.

［116］FOROUZANTABAR A，TALEBI H A，SEDIGH A K. Adaptive neural network control of bilateral teleoperation with constant time delay［J］. Nonlinear Dynamics，2012，67(2)：1123-1134.

［117］LI Z J，XIA Y Q，WANG D H，et al. Neural network-based control of networked trilateral teleoperation with geometrically unknown constraints［J］. IEEE Transactions on Cybernetics，2016，46(5)：1051-1064.

［118］LI Z J，KANG Y，SHANG W K，et al. Control for motion synchronization of bilateral teleoperation systems with mode-dependent time-varying communication delays［C］//2010 8th World Congress on Intelligent Control and Automation. July 7-9，2010，Jinan，China. IEEE，2010：638-643.

［119］HU H C，LIU Y C. Passivity-based control framework for task-space bilateral teleoperation with parametric uncertainty over unreliable networks［J］. ISA Transactions，2017，70：187-199.

［120］NUÑO E，BASAÑEZ L，ORTEGA R. Passivity-based control for bilateral teleoperation：a tutorial［J］. Automatica，2011，47(3)：485-495.

［121］MÁRTON L，ESCLUSA J A，HALLER P，et al. Passive bilateral teleoperation with bounded control signals[C]//2013 11th IEEE International Conference on Industrial Informatics (INDIN). July 29-31, 2013, Bochum, Germany. IEEE, 2013:337-342.

[122] HUANG K, LEE D J. Hybrid PD-based control framework for passive bilateral teleoperation over the Internet[J]. IFAC Proceedings Volumes, 2011, 44(1): 1064-1069.

[123] MOHAMMADI K, TALEBI H A, ZAREINEJAD M. A novel position and force coordination approach in four channel nonlinear teleoperation[J]. Computers & Electrical Engineering, 2016, 56:688-699.

[124] WANG H L, XIE Y C. Passivity based task-space bilateral teleoperation with time delays [C]//2011 IEEE International Conference on Robotics and Automation. May 9-13, 2011, Shanghai, China. IEEE, 2011:2098-2103.

[125] NIEMEYER G, SLOTINE J J E. Towards force-reflecting teleoperation over the Internet[C]//Proceedings of 1998 IEEE International Conference on Robotics and Automation (Cat. No. 98CH36146). May 20-20, 1998, Leuven, Belgium. IEEE, 2002:1909-1915.

[126] NUNO E, BASANEZ L, ORTEGA R. Passive bilateral teleoperation framework for assisted robotic tasks[C]//Proceedings 2007 IEEE International Conference on Robotics and Automation. April 10-14, 2007, Rome, Italy. IEEE, 2007: 1645-1650.

[127] LIU Y C, CHOPRA N. Control of semi-autonomous teleoperation system with time delays[J]. Automatica, 2013, 49(6):1553-1565.

[128] SEO C, KIM J P, KIM J, et al. Energy-bounding algorithm for stable haptic interaction and bilateral teleoperation[C]//World Haptics 2009 - Third Joint EuroHaptics conference and Symposium on Haptic Interfaces for Virtual Environment and Teleoperator Systems. March 18-20, 2009, Salt Lake City, UT, USA. IEEE, 2009:617-618.

[129] LIU X, CHEN Y. Design and analysis of position/force control in teleoperation systems with disturbances [C]//2015 2nd International Conference on Information Science and Control Engineering. April 24-26, 2015, Shanghai, China. IEEE, 2015:691-693.

[130] YANG Y N, HUA C C, GUAN X P. Finite-time synchronization control for bilateral teleoperation under communication delays[J]. Robotics and Computer-Integrated Manufacturing,2015,31:61-69.

[131] SHARIFI M,BEHZADIPOUR S,VOSSOUGHI G. Nonlinear model reference adaptive impedance control for human-robot interactions [J]. Control Engineering Practice,2014,32:9-27.

[132] SHARIFI M,BEHZADIPOUR S,SALARIEH H,et al. Cooperative modalities in robotic tele-rehabilitation using nonlinear bilateral impedance control [J]. Control Engineering Practice,2017,67:52-63.

[133] SLOTINE J J E,LI WEIPING. Applied nonlinear control[M]. London:Prentice Hall Limited,2004.

[134] GUO Y S, LI C. Adaptive Control of Joint Motion of Free-Floating Space Robot System with Dual-Arms Based on RBF Neural Network[J]. Journal of System Simulation, 2009, 21(10):3051-3043.

[135] ZHAI D H,XIA Y Q. Adaptive finite-time control for nonlinear teleoperation systems with asymmetric time-varying delays [J]. International Journal of Robust and Nonlinear Control,2016,26(12):2586-2607.

[136] CHO H C,PARK J H,KIM K,et al. Sliding-mode-based impedance controller for bilateral teleoperation under varying time-delay [C]//Proceedings 2001 ICRA. IEEE International Conference on Robotics and Automation (Cat. No. 01CH37164). May 21-26,2001,Seoul,Korea (South). IEEE,2006:1025-1030.

[137] SARRAS I, NUÑO E, BASAÑEZ L. An adaptive controller for nonlinear teleoperators with variable time-delays[J]. Journal of the Franklin Institute, 2014,351(10):4817-4837.

[138] MEHRJOUYAN A,MENHAJ M B,KHOSRAVI M A. Robust observer-based adaptive synchronization control of uncertain nonlinear bilateral teleoperation systems under time-varying delay[J]. Measurement,2021,182:109542.

[139] KUCUKDEMIRAL I,YAZICI H,GORMUS B,et al. Data-driven H_∞ control of constrained systems:an application to bilateral teleoperation system[J]. ISA Transactions,2023,137:23-34.

[140] CHO H C,PARK J H,KIM K,et al. Sliding-mode-based impedance controller

for bilateral teleoperation under varying time-delay[C]//Proceedings 2001 ICRA. IEEE International Conference on Robotics and Automation (Cat. No. 01CH37164). May 21-26,2001,Seoul,Korea (South). IEEE,2006:1025-1030.

[141] RAKKIYAPPAN R,KAVIARASAN B,PARK J H. Leader-following consensus for networked multi-teleoperator systems via stochastic sampled-data control [J]. Neurocomputing,2015,164:272-280.

[142] 郭语.超声电机驱动的多指灵巧手及主从控制系统的研究[D].南京:南京航空航天大学,2013.

[143] SHARIFI M,SALARIEH H,BEHZADIPOUR S,et al. Impedance control of non-linear multi-DOF teleoperation systems with time delay:absolute stability [J]. IET Control Theory & Applications,2018,12(12):1722-1729.

[144] SHARIFI M,SALARIEH H,BEHZADIPOUR S,et al. Tele-echography of moving organs using an Impedance-controlled telerobotic system [J]. Mechatronics,2017,45:60-70.

[145] YANG Y N,HUA C C,LI J P,et al. Finite-time output-feedback synchronization control for bilateral teleoperation system via neural networks[J]. Information Sciences,2017,406/407:216-233.

[146] 刘卫东,张建军,高立娥,等.水下机械手主从遥操作双边控制策略[J].西北工业大学学报,2016,34(1):53-59.

[147] ARACIL R, AZORIN J M, FERRE M,et al. Bilateral control by state convergence based on transparency for systems with time delay[J]. Robotics and Autonomous Systems,2013,61(2):86-94.

[148] CHEN Z,PAN Y J,GU J. Integrated adaptive robust control for multilateral teleoperation systems under arbitrary time delays[J]. International Journal of Robust and Nonlinear Control,2016,26(12):2708-2728.

[149] ZHAI D H, XIA Y Q. Adaptive fuzzy control of multilateral asymmetric teleoperation for coordinated multiple mobile manipulators [J]. IEEE Transactions on Fuzzy Systems,2016,24(1):57-70.

[150] ZHANG J,LI W,YU J C,et al. Study of manipulator operations maneuvered by a ROV in virtual environments[J]. Ocean Engineering,2017,142:292-302.

[151] ZHANG J J,LIU W D,GAO L E,et al. The force feedback instrument based on

stepper motor drive and its application in underwater teleoperation [C]// OCEANS 2017 - Aberdeen. June 19-22,2017,Aberdeen,UK. IEEE,2017:1-7.

[152] MEHDI H, BOUBAKER O. Robust impedance control-based Lyapunov-hamiltonian approach for constrained robots [J]. International Journal of Advanced Robotic Systems,2015:1.

[153] TONG J, ZHANG Q, KARKEE M, et al. Understanding the dynamics of hand picking patterns of fresh market apples[C]//2014 Montreal,Quebec Canada July 13 - July 16, 2014. American Society of Agricultural and Biological Engineers, 2014: 1.

[154] MENDOZA M,BONILLA I,GONZÁLEZ-GALVÁN E,et al. Impedance control in a wave-based teleoperator for rehabilitation motor therapies assisted by robots[J]. Computer Methods and Programs in Biomedicine,2016,123:54-67.

[155] ROVEDA L, IANNACCI N, VICENTINI F, et al. Optimal impedance force-tracking control design with impact formulation for interaction tasks[J]. IEEE Robotics and Automation Letters,2016,1(1):130-136.

[156] HOGAN N. Impedance control:an approach to manipulation [C]//1984 American Control Conference. June 6-8,1984,San Diego,CA,USA. IEEE,2009: 304-313.

[157] JUNG S,HSIA T C,BONITZ R G. Force tracking impedance control for robot manipulators with an unknown environment:theory,simulation,and experiment [J]. The International Journal of Robotics Research,2001,20(9):765-774.

[158] 王学林,肖永飞,毕淑慧,等.机器人柔性抓取试验平台的设计与抓持力跟踪阻抗控制[J].农业工程学报,2015,31(1):58-63.

[159] HYUN D J,SEOK S,LEE J,et al. High speed trot-running:implementation of a hierarchical controller using proprioceptive impedance control on the MIT Cheetah [J]. International Journal of Robotics Research, 2014, 33 (11): 1417-1445.

[160] RANATUNGA I,LEWIS F L,POPA D O,et al. Adaptive admittance control for human - robot interaction using model reference design and adaptive inverse filtering[J]. IEEE Transactions on Control Systems Technology,2017,25(1): 278-285.

[161] 王磊,柳洪义,王菲.在未知环境下基于模糊预测的力/位混合控制方法[J].东北大学学报(自然科学版),2005,26(12):1181-1184.

[162] 李二超,李战明.基于力/力矩信息的面向位控机器人的阻抗控制[J].控制与决策,2016,31(5):957-960.

[163] 徐国政,宋爱国,李会军.基于进化动态递归模糊神经网络的上肢康复机器人自适应阻抗控制[J].高技术通讯,2010,20(10):1072-1079.

[164] 朱雅光,金波,李伟.基于自适应-模糊控制的六足机器人单腿柔顺控制[J].浙江大学学报(工学版),2014,48(8):1419-1426.

[165] 徐国政,宋爱国,李会军.基于模糊推理的上肢康复机器人自适应阻抗控制[J].东南大学学报(自然科学版),2009,39(1):156-160.

[166] SERAJI H. Adaptive admittance control:an approach to explicit force control in compliant motion[C]//Proceedings of the 1994 IEEE International Conference on Robotics and Automation. May 8-13,1994,San Diego,CA,USA. IEEE,2002: 2705-2712.

[167] ZHANG J J,HAN P Y,LIU Q P,et al. The design of underwater tactile force sensor with differential pressure structure and backpropagation neural network calibration[J]. Measurement and Control,2023,0(0).

[168] P KAMPMANN. Development of a multi-modal tactile force sensing system for deep-sea applications[D]. Phd thesis,University of Bremen,Bremen,2016.

[169] ZHANG J J,LIU W D,GAO L E,et al. Design,analysis and experiment of a tactile force sensor for underwater dexterous hand intelligent grasping[J]. Sensors,2018,18(8):2427.

[170] Xun,Zhou,. Gel-based strain/pressure sensors for underwater sensing:sensing mechanisms, design strategies and applications[J]. Composites Part B: Engineering,2023,255:110631.

[171] KATO N,CHOYEKH M,DEWANTARA R,et al. An autonomous underwater robot for tracking and monitoring of subsea plumes after oil spills and gas leaks from seafloor[J]. Journal of Loss Prevention in the Process Industries,2017,50: 386-396.

[172] BEMFICA J R,MELCHIORRI C,MORIELLO L,et al. Mechatronic design of a three-fingered gripper for underwater applications*[J]. IFAC Proceedings

Volumes,2013,46(5):307-312.

[173] BEMFICA J R,MELCHIORRI C,MORIELLO L,et al. A three-fingered cable-driven gripper for underwater applications [C]//2014 IEEE International Conference on Robotics and Automation (ICRA). May 31-June 7,2014,Hong Kong,China. IEEE,2014:2469-2474.

[174] JAMALI N,KORMUSHEV P,VIÑAS A C,et al. Underwater robot-object contact perception using machine learning on force/torque sensor feedback [C]//2015 IEEE International Conference on Robotics and Automation (ICRA). May 26-30,2015,Seattle,WA,USA. IEEE,2015:3915-3920.

[175] SONG A G,WU J,QIN G,et al. A novel self-decoupled four degree-of-freedom wrist force/torque sensor[J]. Measurement,2007,40(9/10):883-891.

[176] JIANG Z W,CHONAN S,TANAHASHI Y,et al. Development of soft tactile sensor for prostatic palpation diagnosis:sensor structure design and analysis[J]. Shock and Vibration,2000,7(2):67-79.

[177] 刘珍妮. 微压力传感器的设计与工艺研究[D]. 北京:北方工业大学,2011.

[178] 袁圆. 扩散硅压力传感器的有限元模拟与研究[D]. 武汉:华中科技大学,2009.

[179] TIMOSHENKO S P. Theory of plates and shells[J]. Studies in Mathematics & Its Applications Elsevier Amsterdam,1959,6(3760):606.

[180] 胡国清,龚小山,周永宏,等. 硅压力传感器基座受力变形时的输出性能[J]. 华南理工大学学报(自然科学版),2015,43(3):1-8.

[181] SUMESH S,VEERAPPAN A R,SHANMUGAM S. Structural deformations on critical cracked pressurised pipe bends:implication on the von mises stresses [J]. Materials Today:Proceedings,2017,4(9):10163-10168.

[182] LING C,HU G. Finite Element Analysis Management and Process Optimization System of Injection Molding[J]. Journal of Netshape Forming Engineering,2018,1:23.

[183] MEENA K V,MATHEW R,LEELAVATHI J,et al. Performance comparison of a single element piezoresistor with a half-active Wheatstone bridge for miniaturized pressure sensors[J]. Measurement,2017,111:340-350.

[184] 周峰,朱健,贾世星,等. 深硅杯湿法腐蚀中金属保护工艺研究[J]. 固体电子学研究与进展,2016,36(6):510-513.

［185］ ANG W C，KROPELNICKI P，TSAI J M L，et al. Design，simulation and characterization of Wheatstone bridge structured metal thin film uncooled microbolometer［J］. Procedia Engineering，2014，94：6-13.

［186］ LI G Y. Multi-sensor information fusion based on BP network［C］//2010 Sixth International Conference on Natural Computation. August 10-12，2010，Yantai，China. IEEE，2010：1442-1445.

［187］ DOMBROWSKI U，STEFANAK T，PERRET J. Interactive simulation of human-robot collaboration using a force feedback device［J］. Procedia Manufacturing，2017，11：124-131.

［188］ SENKAL D，GUROCAK H. Haptic joystick with hybrid actuator using air muscles and spherical MR-brake［J］. Mechatronics，2011，21(6)：951-960.

［189］ NAJMAEI N，KERMANI M R，PATEL R V. Suitability of small-scale magnetorheological fluid-based clutches in haptic interfaces for improved performance［J］. IEEE/ASME Transactions on Mechatronics，2015，20(4)：1863-1874.

［190］ NAJMAEI N，ASADIAN A，KERMANI M R，et al. Design and performance evaluation of a prototype MRF-based haptic interface for medical applications ［J］. IEEE/ASME Transactions on Mechatronics，2016，21(1)：110-121.

［191］ DA CRUZ TEIXEIRA C，CAVALCANTE DE OLIVEIRA J. Right hand rehabilitation with CyberForce，CyberGrasp，and CyberGlove［C］//2015 XVII Symposium on Virtual and Augmented Reality. May 25-28，2015，Sao Paulo，Brazil. IEEE，2015：186-189.

［192］ AL-WAIS S，AL-SAMARRAIE S A，ABDI H，et al. Integral sliding mode controller for trajectory tracking of a phantom omni robot［C］//2016 International Conference on Cybernetics，Robotics and Control (CRC). August 19-21，2016，Hong Kong，China. IEEE，2017：6-12.

［193］ 朱炜煦，袁志勇，童倩倩. 电磁力反馈中磁场特性分析与线圈姿态计算［J］. 电子测量与仪器学报，2016，30(4)：590-597.

［194］ SUN Z S，BAO G，YANG Q J，et al. Design of a novel force feedback dataglove based on pneumatic artificial muscles［C］//2006 International Conference on Mechatronics and Automation. June 25-28，2006，Luoyang，China. IEEE，2006：

968-972.

[195] SUN Z S,BAO G,LI J,et al. Research of dataglove calibration method based on genetic algorithms[C]//2006 6th World Congress on Intelligent Control and Automation. June 21-23,2006,Dalian. IEEE,2006:9429-9433.

[196] 戴金桥,王爱民,宋爱国.基于磁流变液的柔性机器人振动控制阻尼器[J].机器人,2010,32(3):358-362.

[197] 文辞,宋爱国,王爱民.适用于力反馈的圆筒式磁流变液执行器的设计[J].仪器仪表学报,2010,31(9):1921-1926.

[198] D'ALONZO M,CLEMENTE F,CIPRIANI C. Vibrotactile stimulation promotes embodiment of an alien hand in amputees with phantom sensations[J]. IEEE Transactions on Neural Systems and Rehabilitation Engineering,2015,23(3):450-457.

[199] MEDIOUNI M,ZIOU D,CABANA F. Immersive simulation of the reduction of femoral diaphyseal fracture[C]//EPiC Series in Health Sciences. EasyChair,2017. DOI:10.29007/4VW6.

[200] 李建文,李沙沙.基于 MATLAB 的多通道人耳模型技术在皮肤听声中的应用[J].计算机测量与控制,2012,20(11):3083-3085.

[201] SHI N N,HAO T F,LI W,et al. A reconfigurable microwave photonic filter with flexible tunability using a multi-wavelength laser and a multi-channel phase-shifted fiber Bragg grating[J]. Optics Communications,2018,407:27-32.